建设工程造价员手工算量与实例精析系列丛书

装饰装修工程造价员
手工算量与实例精析

本书编委会 编

中国建筑工业出版社

图书在版编目(CIP)数据

装饰装修工程造价员手工算量与实例精析/本书编
委会编. —北京：中国建筑工业出版社，2014.9
(2023.1重印)
(建设工程造价员手工算量与实例精析系列丛书)
ISBN 978-7-112-17427-0

Ⅰ.①装… Ⅱ.①本… Ⅲ.①建筑装饰-工程造
价 Ⅳ.①TU723.3

中国版本图书馆 CIP 数据核字(2014)第 256356 号

本书依据最新版《建设工程工程量清单计价规范》GB 50500—2013、《房屋建筑与装饰工程工程量计算规范》GB 50854—2013 进行编写，结合工程量计算实例，详细介绍了装饰装修工程工程量手算的规则和方法。通过讲解装饰装修工程各分项（楼地面装饰工程，墙、柱面装饰与隔断、幕墙工程，门窗工程，天棚工程，油漆、涂料、裱糊工程，其他装饰工程）工程量的手算规则和装饰装修工程量计价编制实例，向读者说明如何快速计算工程量，并对工程量手算的内容和相关规定进行了说明。

本书可供装饰装修工程工程预算、工程造价与项目管理人员工作使用。

责任编辑：岳建光 张 磊
责任设计：李志立
责任校对：李欣慰 党 蕾

建设工程造价员手工算量与实例精析系列丛书
装饰装修工程造价员手工算量与实例精析
本书编委会 编
*
中国建筑工业出版社出版、发行（北京西郊百万庄）
各地新华书店、建筑书店经销
北京科地亚盟排版公司制版
北京建筑工业印刷厂印刷
*
开本：787×1092毫米 1/16 印张：12¼ 字数：297千字
2015年1月第一版 2023年1月第七次印刷
定价：39.00元
ISBN 978-7-112-17427-0
(36840)

本书编委会

主　编　巩晓东

参　编　（按姓氏笔画排序）

王明玉　曲秀明　刘　洋　刘广宇

孙　莹　远程飞　张　彤　张润楠

罗　娜　房建兵　褚丽丽

前　　言

　　建筑装饰业是集文化、艺术和技术于一体的综合性行业，它是建筑工程的一个有机组成部分。房屋装饰装修工程的投资占整个房屋造价的比重越来越大，造价的控制越来越复杂，因此在实际中一定要严格控制。准确合理地确定建筑装饰装修工程造价，对于搞好基本建设计划和投资管理，合理使用工程建设资金，提高投资效益，将有直接的影响。与此同时，为了推动《建设工程工程量清单计价规范》GB 50500—2013、《房屋建筑与装饰工程工程量计算规范》GB 50854—2013 的实施，帮助工程造价人员提高实际操作水平，结合《全国统一建筑装饰装修工程消耗量定额》GYD 901—2002、《全国统一建筑工程基础定额（土建工程）》GJD 101—1995 编写了此书。

　　本书共分为 8 章，内容包括装饰装修工程工程量计算基础；楼地面装饰工程手工算量与实例精析；墙、柱面装饰与隔断、幕墙工程手工算量与实例精析；门窗工程手工算量与实例精析；天棚工程手工算量与实例精析；油漆、涂料、裱糊工程手工算量与实例精析；其他装饰工程手工算量与实例精析；装饰装修工程工程量计价编制应用实例。在内容编写上，本书将装饰装修工程中常用的手算公式与根据实际工作总结的计算公式相结合，向读者说明如何快速计算工程量，并对工程量手算的内容和相关规定进行了说明。本书可供装饰装修工程工程预算、工程造价与项目管理人员工作使用。

　　由于学识和经验有限，虽尽心尽力但书中仍难免存在疏漏或未尽之处，敬请有关专家和读者予以批评指正。

目　　录

1 装饰装修工程工程量计算基础 ································· 1

  1.1 装饰装修工程工程量计算概述 ····························· 1

    1.1.1 正确计算工程量的意义 ····························· 1

    1.1.2 装饰装修工程量计算的依据 ························· 1

    1.1.3 装饰装修工程量计算方法 ··························· 2

    1.1.4 装饰装修工程量计算注意事项 ······················· 3

  1.2 装饰装修工程工程量计算原理 ··························· 4

    1.2.1 招标的工程量 ····································· 4

    1.2.2 投标的工程量 ····································· 5

    1.2.3 定额工程量与清单工程量 ··························· 5

2 楼地面装饰工程手工算量与实例精析 ····················· 8

  2.1 楼地面装饰工程工程量手算方法 ························· 8

    2.1.1 楼地面垫层工程量 ································· 8

    2.1.2 楼地面面层及找平层工程量 ························· 8

    2.1.3 踢脚线 ··· 11

    2.1.4 楼梯面层 ··· 12

    2.1.5 台阶装饰 ··· 14

    2.1.6 点缀 ··· 16

    2.1.7 栏杆、栏板、扶手、弯头 ··························· 16

    2.1.8 石材底面 ··· 18

    2.1.9 零星装饰项目 ····································· 18

  2.2 楼地面装饰工程工程量手算实例解析 ····················· 18

3 墙、柱面装饰与隔断、幕墙工程手工算量与实例精析 ········· 35

  3.1 墙、柱面装饰与隔断、幕墙工程工程量手算方法 ··········· 35

    3.1.1 墙、柱面抹灰工程量 ······························· 35

    3.1.2 墙柱面、块料面层抹灰工程量 ······················· 40

    3.1.3 墙、柱（梁）饰面工程量 ··························· 42

    3.1.4 幕墙工程量 ······································· 44

    3.1.5 隔断工程量 ······································· 47

    3.1.6 女儿墙、阳台栏板内侧装饰抹灰工程量 ··············· 50

    3.1.7 装饰抹灰分格、嵌缝工程量 ························· 50

  3.2 墙、柱面装饰与隔断、幕墙工程工程量手算实例解析 ······· 50

4 门窗工程手工算量与实例精析 ··························· 66

  4.1 门窗工程工程量手算方法 ····························· 66

　　　4.1.1　门、窗的常见形式及图例 ……………………………………… 66

　　　4.1.2　木门、窗工程量 …………………………………………………… 84

　　　4.1.3　金属门、窗工程量 ………………………………………………… 88

　　　4.1.4　其他门工程量 ……………………………………………………… 93

　　　4.1.5　门、窗配件工程量 ………………………………………………… 93

　　4.2　门窗工程工程量手算实例解析 …………………………………………… 95

5　天棚工程手工算量与实例精析 ……………………………………………… 105

　　5.1　天棚工程工程量手算方法 ………………………………………………… 105

　　　5.1.1　天棚的构造与类型 ………………………………………………… 105

　　　5.1.2　天棚抹灰工程量 …………………………………………………… 108

　　　5.1.3　天棚吊顶工程量 …………………………………………………… 111

　　　5.1.4　采光天棚工程量 …………………………………………………… 112

　　　5.1.5　天棚其他装饰工程量 ……………………………………………… 112

　　5.2　天棚工程工程量手算实例解析 …………………………………………… 113

6　油漆、涂料、裱糊工程手工算量与实例精析 ……………………………… 127

　　6.1　油漆、涂料、裱糊工程工程量手算方法 ………………………………… 127

　　　6.1.1　门、窗油漆工程量 ………………………………………………… 127

　　　6.1.2　木材、金属、抹灰面油漆工程量 ………………………………… 129

　　　6.1.3　喷刷涂料与裱糊工程量 …………………………………………… 135

　　6.2　油漆、涂料、裱糊工程工程量手算实例解析 …………………………… 136

7　其他装饰工程手工算量与实例精析 ………………………………………… 145

　　7.1　其他装饰工程工程量手算方法 …………………………………………… 145

　　　7.1.1　柜类、货架工程量 ………………………………………………… 145

　　　7.1.2　压条、装饰线工程量 ……………………………………………… 145

　　　7.1.3　扶手、栏杆、栏板装饰工程量 …………………………………… 146

　　　7.1.4　暖气罩及浴厕配件工程量 ………………………………………… 146

　　　7.1.5　其他室外装饰配件 ………………………………………………… 149

　　7.2　其他装饰工程工程量手算实例解析 ……………………………………… 150

8　装饰装修工程工程量计价编制应用实例 …………………………………… 156

　　8.1　装饰装修工程投标报价编制 ……………………………………………… 156

　　8.2　装饰装修工程竣工结算编制 ……………………………………………… 168

参考文献 …………………………………………………………………………… 189

1 装饰装修工程工程量计算基础

1.1 装饰装修工程工程量计算概述

1.1.1 正确计算工程量的意义

工程量是以物理计量单位或自然计量单位表示的各分项工程或结构构件的数量。

自然计量单位是指以物体本身的自然属性为计量单位表示完成工程的数量。一般以件、块、个（或只）、台、座、套、组等或它们的倍数作为计量单位。例如，音乐喷泉控制设备以台为单位，装饰灯具以套为单位。

物理计量单位是以物体的某种物理属性为计量单位，定额均以我国法定计量单位表示工程数量。以长度（米、m）、面积（平方米、m^2）、体积（立方米、m^3）、重量（吨、t）等或它们的倍数为单位。例如：楼地面，墙、柱面的装饰工程量以平方米（m^2）为计量单位；踢脚线、扶手、栏杆以延长米（m）为计量单位；玻璃棉毡保温层以"m^3"为计量单位。

计算工程量是编制装饰工程预算造价的基础工作，是预算文件的重要组成部分。装饰工程预算造价主要取决于两个基本因素。一是工程量，二是工程单价（即定额基价）。工程量是按照图纸规定的尺寸与工程量计算规则计算的，工程单价是按定额规定确定的。为了准确计算工程造价，这两者的数量都得正确，缺一不可。因此，工程量计算的准确与否，将直接影响定额直接费，进而影响整个装饰工程的预算造价。

工程量又是施工企业编制施工组织计划，确定工程工作量、组织劳动力、合理安排施工进度和供应装饰材料、施工机具的重要依据。同时，工程量也是建设项目各管理职能部门，像计划部门和统计部门工作的内容之一，例如，某段时间某领域所完成的实物工程量指标就是以工程量为计算基准的。

工程量的计算是一项比较复杂而细致的工作，其工作量在整个预算中所占比重较大，任何粗心大意，都会造成计算上的错误，致使工程造价偏离实际，造成国家资金和装饰材料的浪费与积压。从这层意义上说工程量计算也独具重要性。因此，正确计算工程量，对建设单位、施工企业和工程项目管理部门，对正确确定装饰工程造价都具有重要的现实意义。

1.1.2 装饰装修工程量计算的依据

1. 经审定的设计施工图纸及设计说明

设计施工图是计算工程量的基础资料，因为施工图纸反映了装饰工程的各部位构造、做法及其相关尺寸，是计算工程量获取数据的基本依据。装饰施工图纸包括施工图、效果图、局部大样、展开图及其有关说明。在取得施工图和设计说明等资料后，必须全面、细致地熟悉和核对有关图纸和资料，检查图纸是否齐全、正确。如果发现设计图纸有错漏或相互间有矛盾的，应及时向设计人员提出修正意见，及时更正。经审核、修正后的施工图才能作为计算工程量的依据。

2. 装饰工程量计算规则

装饰工程预算定额中的工程量计算规则和相关说明详细地规定了各分部分项工程量的计算规则、计算方法和计量单位。它们是计算工程量的惟一依据，计算工程量时必须严格按照定额中的计量单位、计算规则和方法进行。否则，计算的工程量就不符合规定，或者说计算结果的数据和单位等与定额所含内容不相符。预算列项的顺序一般也就是预算定额子项目的编排顺序，亦即工程量计算的顺序，依此顺序列项并计算工程量，就可以有效地防止漏算工程量和漏套定额，确保预算造价真实可靠。

3. 装饰施工组织设计与施工技术措施方案

计算工程量时，还必须结合施工组织设计的要求进行。装饰施工组织设计是确定施工方案、施工方法和主要施工技术措施等内容的基本技术经济文件。例如，在施工组织设计中要明确：铝合金吊顶，是方板面层铝合金吊顶方案还是条板面层铝合金吊顶方案；大理石或花岗石贴墙柱面项目中，是挂贴式还是粘贴式或者是干挂，粘贴时是用水泥砂浆粘贴还是用干粉型胶粘剂。施工方案或施工方法不同，与分项工程的列项及套用定额相关，工程量计算也不一样。当然，施工组织设计要和工程设计的要求一致，应满足设计内容和要求。

1.1.3 装饰装修工程量计算方法

这里所说的工程量计算方法主要是讨论计算顺序问题，因为，一个单位装饰工程，其分项繁多，少则几十个分项，多则几百个，甚至更多些，而且很多分项类同，相互交叉。如果不按科学的顺序进行计算，就有可能出现漏算或重复计算工程量的情况，计算了工程量的子项进入工程造价，漏算或重复算了的，就少计或多算了工程造价，给造价带来虚假性，同时，也给审核、校对带来诸多不便。因此计算工程量必须按一定顺序进行，以免差错。常用的计算顺序有以下几种：

1. 按装饰工程预算定额分部分项顺序计算

一般装饰分部分项的顺序为：楼地面工程，墙柱面工程，顶棚工程，门窗工程，油漆、涂料、裱糊工程，其他工程以及脚手架及垂直运输超高费等分部，再按一定的顺序列工程分项子目，如江苏装饰定额共列 1088 个子目。

2. 从下到上逐层计算

对不同楼层来说，可先底层、后上层；对同一楼层或同一房间来说，可以先楼地面，再墙柱面、后顶棚，先主要、后次要；对室内外装饰，可先室内、后室外，按一定的先后次序计算。

3. 按顺时针顺序计算

在一个平面上，先从平面图的左上角开始，按顺时针方向自左至右，由上而下逐步计算，环绕一周后再回到起始点。对墙、柱立面装饰可按顺时针或立面展开图的顺序进行。这一方法适用于楼地面、墙柱面、踢脚线、顶棚等。顺时针计算法如图 1-1 所示，图中实线箭号表示各房间地面的计算顺序，虚线表示某一房间的墙面或踢脚板的计算顺序。

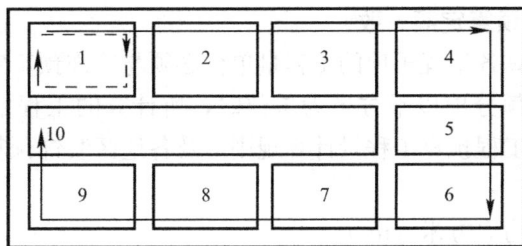

图 1-1　顺时针计算法

4. 按先横后竖计算

这种方法是依据图纸，按先横后竖，先上后下，先左后右依次计算工程量。这种方法适用于计算内墙或隔墙装饰，先计算横向墙，从上而下进行，同一横线上的，按先左后右，横向计算完后再计算竖向，同一竖线上的按先上后下，然后自左而右地直至计算完毕。

5. 按构件编号顺序计算

此法是按图纸所标各构件、配件的编号顺序进行计算。例如，门窗、内墙装饰立面等均可按其编号顺序逐一计算。

此外，计算工程量还应运用其他技巧，例如：

（1）将计算规则用数学语言表达成计算式，然后再按计算公式的要求从图纸上获取数据代入计算，数据的量纲要换算成与定额计量单位一致，不要将图纸上的尺寸单位毫米代入，以免在换算时搞错。

（2）采用表格法计算，其顺序及定额编号与所列子项一致，这可避免错、漏项，也便于检查复核。

（3）采用、推广计算机软件计算工程量，它可使工程量计算既快又准，减少手工操作，提高工作效率。

运用以上各种方法计算工程量，应结合工程大小，复杂程度，以及个人经验，灵活掌握，综合运用，以使计算全面、快速、准确。

1.1.4　装饰装修工程量计算注意事项

1. 严格按计算规则的规定进行计算

工程量计算必须与定额中规定的工程量计算规则（或计算方法）一致，才符合定额的要求。装饰工程预算定额各分部中，对分项工程的工程量计算规则和计算方法都作了具体规定，计算时，必须严格按规定执行。例如，楼地面整体面层、块料面层按主墙间净空面积计算，而楼梯、台阶镶贴块料面层按展开面积计算：墙、柱面贴（挂）块料面层按实贴（挂）面积计算等。

2. 工程量计算所用原始数据（尺寸）的取得必须以施工图纸（尺寸）为准

工程量是按每一分项工程，根据设计图纸进行计算的，计算时所采用的原始数据都必须以施工图纸所表示的尺寸或施工图纸能读出的尺寸为准进行计算，不得任意加大或缩小各部位尺寸。在装饰工程量计算中，较多的使用净尺寸，不得直接按图纸轴线尺寸，更不得按外包尺寸取代之，以免增大工程量，一般来说，净尺寸要按图示尺寸经简单计算取定。

3. 计算单位必须与预算定额一致

计算工程量时，所算各工程子项的工程量单位必须与装饰预算定额中相应子项的单位相一致。例如，预算定额分项以平方米为单位时，所计算的工程量也必须以平方米为单位。在《全国统一建筑工程预算工程量计算规则》及各地区装饰预算定额中，工程量的计算单位规定为：

（1）以体积计算的为立方米（m³）。

（2）以面积计算的为平方米（m²）。

（3）长度为米（m）。

（4）重量为吨或千克（t 或 kg）。

（5）以件（个或组）计算的为件（个或组）。

在装饰工程预算定额中，大都用扩大单位（按计算单位的倍数）的方法来计量的，如"10 米"、"100 米"、"10 平方米"等。因此，在计算时应注意，务必使所算子项的计量单位与定额规定单位一致，不能随意取定工程量的单位，以免由于计算单位的差错而影响工程量的正确性。同时，也应注意，计算工程量时所取单位是基本单位（如米、平方米），而不用扩大计量单位，还要注意某些定额单位的简化，比如踢脚线以"延长米"计算，而不是以"平方米"。

4. 工程量计算的准确度

工程量计算数字要准确，一般应精确到小数点后三位，汇总后，其准确度取值要达到：

（1）立方米（m³）、平方米（m²）及米（m）以下取两位小数。

（2）吨（t）以下取三位小数。

（3）千克（kg）、件等取整数。

5. 各分项工程子项做详细标注

应标明子项名称、所在部位（轴线号表示或文字说明）、定额编号，以便于检查和审核。

1.2 装饰装修工程工程量计算原理

1.2.1 招标的工程量

招标的工程量是指招标人在编制招标文件时，列在工程量清单中的工程量。建筑装饰装修工程量清单（简称工程量清单），是招标文件的组成部分，是编制招标标底、投标报价的依据。工程量清单应由具有编制能力的招标人或受其委托，具有相应资质的工程造价咨询人编制。工程量清单是按照招标文件、施工图纸和技术资料的要求，将拟建招标工程的全部项目内容依据统一的施工项目划分规定，计算拟招标工程项目的全部分部分项的实物工程量和技术性措施项目，并以统一的计量单位和表式列出的工程量表。工程量清单由分部分项工程量清单、措施项目清单、其他项目清单、规费项目清单、税金项目清单组成。

1. 招标工程量的计算依据

（1）招标文件。

（2）施工图纸及相关资料。

（3）《建设工程工程量清单计价规范》GB 50500—2013 下文简称"《计价规范》"和

《房屋建筑与装饰工程工程量计算规范》GB 50854—2013 下文简称"《计算规范》"统一的工程量计算（量）规则。

(4)《计算规范》统一的工程量清单项目划分标准。

(5)《计算规范》统一的工程量计量单位。

(6)《计算规范》统一的分部分项清单项目编码、项目名称和项目特征。

(7) 施工现场实际情况。

2. 招标工程量的主要作用

(1) 招标人编制并确定标底价的依据。

(2) 投标人编制投标报价，策划投标方案的依据。

(3) 工程量清单是招标人、投标人签订工程施工合同的依据。

(4) 工程量清单也是工程结算和工程竣工结算的依据。

1.2.2 投标的工程量

投标的工程量是指投标人在编制投标文件时，确定投标报价的工程量。

1. 投标工程量的计算依据

(1) 招标文件。

(2) 施工图纸及有关资料。

(3) 企业定额。

(4)《全国统一建筑工程基础定额》GJD 101—1995 以下简称"《全统基础定额》"。

(5)《全国统一建筑装饰装修工程消耗量定额》GYD 901—2002 以下简称"《全统装饰定额》"。

(6) 施工现场实际情况。

2. 投标工程量的主要作用

(1) 投标人编制并确定投标报价的依据。

(2) 投标人策划投标方案的依据。

(3) 投标人编制施工组织设计的依据。

(4) 投标人进行工料分析、确定实际工期、编制施工预算和施工计划的依据。

1.2.3 定额工程量与清单工程量

1. 定额与清单工程量的含义

(1) 定额工程量

施工企业（承包商、投标人）在投标报价时，依据企业定额，或者参考地方定额、《全统基础定额》和《全统装饰定额》计算出来的工程量，简称为定额工程量，即投标的工程量。

由于目前全国许多施工企业尚没有自己内部的企业定额，所以在编制投标报价时，可以参考现行的地方定额、《全统基础定额》和《全统装饰定额》的工程量计算规则并结合实际情况计算工程量。

(2) 清单工程量

建设单位（业主、招标人）在编制招标文件时，依据清单计价规范计算出来的工程量，简称为清单工程量，即招标的工程量。

凡是实行工程量清单招标的工程，招标文件中必须附有工程量清单，工程量清单工程量必须严格按照各专业工程量计算规范中的工程量计算规则进行计算。

2. 定额与清单工程量的区别

（1）工程量计算依据不同

1）定额工程量依据的是施工企业内部的施工定额（企业定额），如果没有企业定额，则可以参考地方定额或《全统基础定额》和《全统装饰定额》，并可结合实际情况进行调整。

2）清单工程量依据的是《计算规范》。

（2）工程量的用途不同

1）定额工程量是供施工企业确定投标报价时使用；

2）清单工程量是供建设单位编制招标文件时使用。

3. 工程量项目设置的数量不同

（1）《全统装饰定额》的项目设置为：楼地面工程，墙柱面工程，天棚工程，门窗工程，油漆、涂料、裱糊工程，其他工程，装饰装修脚手架及项目成品保护费，垂直运输及超高增加费，共 8 章 59 节 1457 个子目。

（2）《计算规范》中装饰装修工程的项目设置为：门窗工程，楼地面装饰工程，墙、柱面装饰与隔断，幕墙工程，天棚工程，油漆、涂料、裱糊工程，其他装饰工程，共 6 章 47 节 214 个子目。《全统装饰定额》中的"装饰装修脚手架及项目成品保护费"和"垂直运输及超高增加费"列入工程量清单措施项目中。

4. 工程量计算规则适用的范围不同

（1）《全统装饰定额》工程量计算规则适用于所有新建、扩建和改建工程的装饰装修工程预算工程量计算。

（2）《计算规范》工程量计算规则只适用于采用工程量清单计价的装饰装修工程预算工程量计算。

5. 工程量项目包括的工程内容不同

（1）《全统装饰定额》的项目是按施工工序进行设置的，其分项子目划分的比较细，有 1457 个。各节子目包括的工程内容也比较单一。例如，大理石楼地面、花岗石楼地面等项目，其工作内容包括：清理基层、试排弹线、锯板修边、铺贴饰面、清理净面。从工作内容可以看出，其工程内容只限大理石和花岗石地面面层本身，其垫层、找平层则需列子目单独计算。

（2）《计算规范》的项目设置是按"综合实体"考虑的，其分项子目划分的比较粗，只有 214 个。划分时在《全统装饰定额》的基础上进行了综合扩大，各子目包括的工程内容大大增加了，例如石材楼地面子目包括了大理石楼地面、花岗石楼地面等石材楼地面项目，其工程内容包括：基层清理、铺设垫层、抹找平层、防水层铺设、填充层铺设、面层铺设、嵌缝、刷防护材料、酸洗、打蜡、材料运输，从工程内容可以看出，该子目不但包括了石材楼地面面层，还综合了在全统装饰定额中应单独列项的垫层、找平层等多项内容。

6. 工程量的计量单位值不同

（1）《全统装饰定额》的工程量计量单位值根据不同情况设置为"1"、"10"、"1000"

等数值。

（2）《计算规范》的工程量计量单位值全部设置为"1"。

7. 工程量的计量原则不同

（1）《全统装饰定额》工程量的计量原则是：在根据图纸的净尺寸计算出分项工程的实体净值（理论量）的基础上，还要加算实际施工中因各种因素必须发生的工程量，例如，各种不可避免的损耗量以及需要增加的工程量。

（2）《计算规范》工程量的计量原则是：以按图纸的净尺寸计算出分项工程的实体工程量为准，以完成后的净值（理论量）计算。其他因素引起的工程量变化不予考虑。

2 楼地面装饰工程手工算量与实例精析

2.1 楼地面装饰工程工程量手算方法

2.1.1 楼地面垫层工程量

1. 计算公式

$$工程量＝室内主墙间净空面积×厚度－突出物体积（m^3）$$

2. 工程量计算规则

地面垫层按室内主墙间净空面积乘以设计厚度以体积计算。应扣除凸出地面的构筑物、设备基础、室内铁道、地沟等所占体积，不扣除柱、垛、间壁墙、附墙烟囱及面积在 $0.3m^2$ 以内孔洞所占体积。

2.1.2 楼地面面层及找平层工程量

1. 整体面层

（1）清单工程量

1）计算公式

$$工程量 ＝主墙间净长度×主墙间净宽度－构筑物等面积$$
$$－大于 0.3m^2 柱、垛、附墙烟囱及孔洞面积（m^2）$$

2）清单工程量计算规则及说明

水泥砂浆楼地面、现浇水磨石楼地面、细石混凝土楼地面、菱苦土楼地面、自流坪楼地面工程量均按主墙间净空面积以 "m^2" 计算。扣除凸出地面构筑物、设备基础、室内管道、地沟等所占面积，不扣除间壁墙及 $\leqslant 0.3m^2$ 柱、垛、附墙烟囱及孔洞所占面积。门洞、空圈、散热器槽、壁龛的开口部分不增加面积。

① 水泥砂浆楼地面。水泥砂浆楼地面是在混凝土垫层或楼板上涂抹水泥砂浆而形成的面层，其构造比较简单，且坚固、耐磨、防水性能好，但导热系数大、易结露、易起灰、不易清洁。通常有单面层和双面层两种做法，如图 2-1 所示。

② 现浇水磨石楼地面。现浇水磨石楼地面整体性好、防水、不起尘、易清洁、装饰效果好，但导热系数偏大、弹性小，适用于人群停留时间较短的楼地面，多采用双层构造做法，如图 2-2 所示。

（2）消耗量定额工程量

1）计算公式

$$工程量＝房间净长度×房间净宽度－大于 0.1m^2 孔洞面积$$
$$＋门洞、空圈、散热器槽、壁龛的开口面积（m^2）$$
$$拼花部分面积 ＝ 实际拼贴的完整图案的总面积（m^2）$$

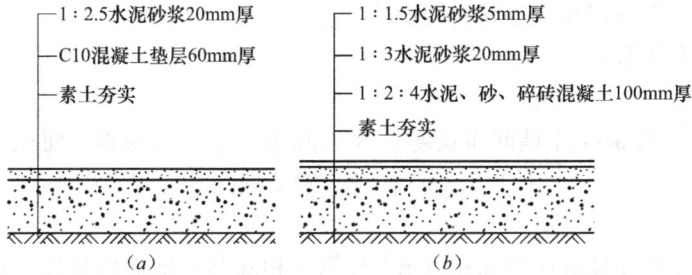

图 2-1 水泥砂浆楼地面

(a) 底层地面单层做法；(b) 底层地面双层做法

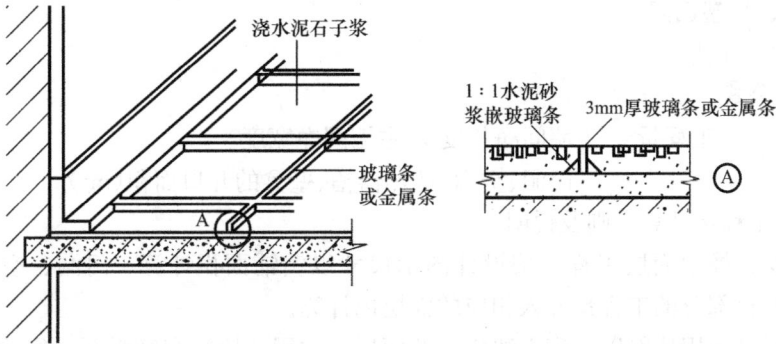

图 2-2 现浇水磨石楼地面

2) 定额工程量计算规则及说明

楼地面装饰面积按饰面的净面积计算，不扣除 0.1m² 以内的孔洞所占面积。拼花部分按实贴面积计算。

① "楼地面装饰饰面的净面积" 是指除结构面积以外的室内净面积、室外使用面积或辅助面积，一般室内是以室内净长与净宽之积计算的，室外按图示尺寸以实铺面积计算。

② "不扣除 0.1m² 以内的孔洞所占的面积" 是指穿过楼地面的上、下水管道等所占的面积，其面积往往小于 0.1m²，这里所指的 "0.1m² 以内" 是指孔洞面积小于等于 0.1m²，如果孔洞面积大于 0.1m²，则需要被扣除。

③ "拼花部分" 是指为了达到一定的装饰效果，在商场、酒店等公用建筑的大厅或民用建筑的起居室等处采用不同的天然石材种类和不同的颜色拼成的完整的装饰图案，定额按成品考虑。

④ 不同的材质和结构做法不同，应分开列项计算。

⑤ 拼花部分面积一般为圆形或方形。

2. 找平层

(1) 清单工程量

1) 计算公式

$$找平层工程量＝房间净长度×房间宽度（m²）$$

2) 清单工程量计算规则

找平层工程量按设计图示尺寸以面积计算。找平层是指在垫层、楼板上或填充层上，起找平、找坡或加强作用的构造层。通常为水泥砂浆找平层，有特别要求的可采用细石混

9

凝土、沥青砂浆、沥青混凝土等材料铺设。

（2）基础定额工程量

1）计算公式

$$工程量＝主墙间净长度 \times 主墙间净宽度 - 构筑物等面积$$
$$- 大于 0.3m^2 柱、垛、附墙烟囱及孔洞面积（m^2）$$

2）定额工程量计算规则

找平层工程量按主墙间净空面积以 m^2 计算。扣除凸出地面构筑物、设备基础、室内管道、地沟等所占面积，不扣除间壁墙及 $\leqslant 0.3m^2$ 柱、垛、附墙烟囱及孔洞所占面积。门洞、空圈、散热器槽、壁龛的开口部分不增加面积。

3. 块料、橡塑面层

（1）清单工程量

1）计算公式

$$工程量＝主墙间净长度 \times 主墙间净宽度$$
$$+ 门洞、空圈、散热器槽、壁龛的开口面积（m^2）$$

2）清单工程量计算规则及说明

块料面层、橡塑面层工程量按设计图示尺寸以实铺面积计算。门洞、空圈、散热器槽、壁龛的开口部分的工程量并入相应的面层内计算。

块料面层是采用块料以装配方法施工的面层。常用的块料有细料石、红阶砖、普通黏土砖（侧铺或平铺）、水泥砖（方砖或花砖）、缸砖、瓷砖、陶瓷马赛克、彩釉地砖、混凝土砌块、大理石、花岗石、水磨石板、菱苦土板与马赛克等。

① 缸砖、瓷砖、陶瓷马赛克属于小型块料，其构造如图 2-3 所示。

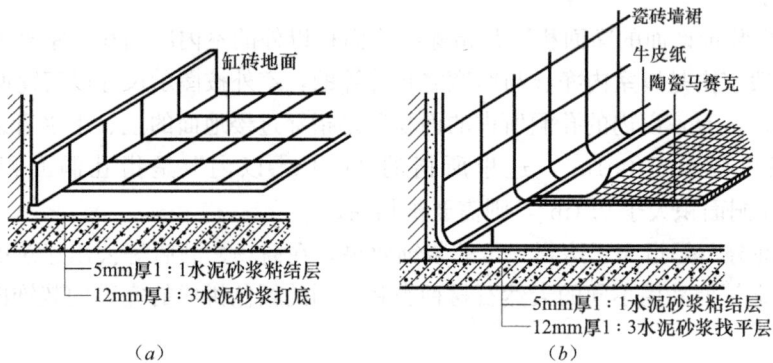

图 2-3 缸砖、瓷砖楼地面

（a）缸砖楼地面；（b）陶瓷马赛克楼地面

② 花岗石、大理石板的尺寸一般为（300mm×300mm）～（600mm×600mm），厚度为 20～30mm，属于高级楼地面材料，构造如图 2-4 所示。

（2）消耗量定额工程量

1）计算公式

$$工程量＝房间净长度 \times 房间宽度 - 大于 0.1m^2 孔洞面积$$
$$+ 门洞、空圈、散热器槽、壁龛的开口面积（m^2）$$
$$拼花部分面积＝实际拼贴的完整图案的总面积（m^2）$$

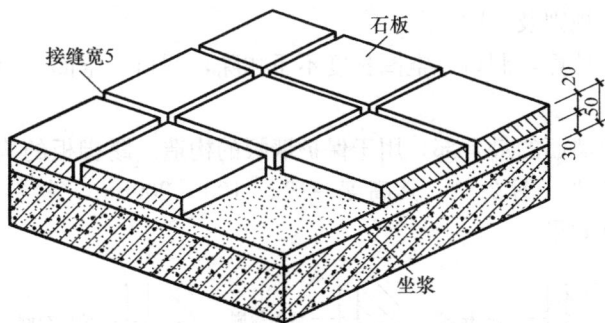

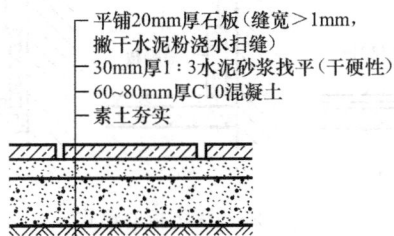

图 2-4 花岗石板、大理石板楼地面

2）定额工程量计算规则

楼地面装饰面积按饰面的净面积计算，不扣除 0.1m² 以内的孔洞所占面积。拼花部分按实贴面积计算。

4. 其他楼地面面层

（1）计算公式

$$工程量 = 主墙间净长度 \times 主墙间净宽度$$
$$+ 门洞、空圈、散热器槽、壁龛的开口面积（m²）$$

（2）工程量计算规则

地毯楼地面、竹、木（复合）地板、金属复合地板、防静电活动地板工程量按设计图示尺寸以实铺面积计算。门洞、空圈、散热器槽、壁龛的开口部分的工程量并入相应的面层内计算。

2.1.3 踢脚线

1. 清单工程量

（1）计算公式

$$工程量 = 图示长度 \times 图示高度（m²）$$

或

$$工程量 = 图示长度（m）$$

（2）工程量计算规则

1）按设计图示长度乘高度以面积计算，以平方米计量。

2）按延长米计算，以米计量。

2. 基础定额工程量

（1）计算公式

$$工程量 = 图示长度（m）$$

（2）工程量计算规则及说明

踢脚板按延长米计算，洞口、空圈长度不予扣除，洞口、空圈、垛、附墙烟囱等侧壁长度亦不增加。

踢脚板位于室内墙面的最下部，用于保护墙根的构造。踢脚板的构造形式有三种，与墙面相平、凸出和凹进（图 2-5），其高度一般为 100～200mm，材料往往与地面材料相同，获得较好的整体效果。

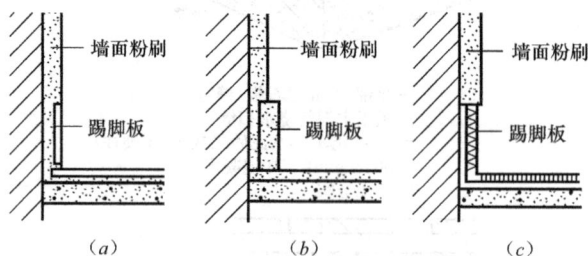

图 2-5 踢脚板的形式
（a）相平；（b）凸出；（c）凹进

3. 消耗量定额工程量

（1）成品踢脚线

$$楼地面成品踢脚线长度＝实贴延长米（m^2）$$
$$楼梯成品踢脚线长度＝实贴延长米×1.15（m）$$

（2）非成品踢脚线

$$楼地面非成品踢脚线面积＝实贴延长米×高（m^2）$$
$$楼梯非成品踢脚线长度＝实贴延长米×1.15（m）$$

（3）工程量计算规则

踢脚线按实贴长乘高以平方米计算，成品踢脚线按实贴延长米计算。楼梯踢脚线按相应定额乘以 1.15 系数。

1）踢脚线分两种情况计算，一种是成品踢脚线，按长度计算；另一种是非成品踢脚线，按面积计算。

2）楼梯踏步处考虑锯齿形及斜长消耗，故楼梯踏步部分踢脚线工程量以水平投影长度乘以 1.15 的系数计算。

3）计算室内踢脚线，如图 2-6 所示长度时，应扣门洞口宽度 a，增加门洞两侧宽度 b（两侧宽度为 b）。

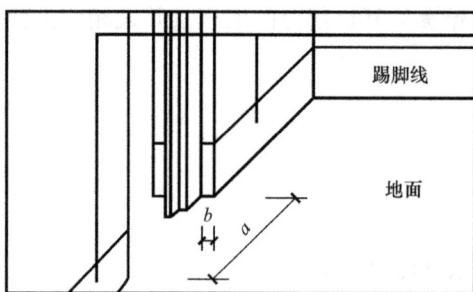

图 2-6 室内踢脚线示意图
a—门洞口宽度；b—门洞两侧宽度

2.1.4 楼梯面层

1. 计算公式

（1）直形楼梯

$$直形楼梯水平投影面积＝（楼梯长度×楼梯宽度$$

$-0.5m$ 以上宽的楼梯井投影面积)$\times n(m^2)$

式中　n——楼层数量，如为不上人屋面，需扣减一层。

（2）弧形楼梯

$$弧形楼梯水平投影面积 = \pi \times (R^2 - r^2)(m^2)$$

式中　r——梯井半径，大于$250mm$；

　　　R——螺旋楼梯半径。

2. 工程量计算规则及说明

石材楼梯面层、块料楼梯面层、拼碎块料面层、水泥砂浆楼梯面层、现浇水磨石楼梯面层、地毯楼梯面层、木板楼梯面层、橡胶板楼梯面层、塑料板楼梯面层工程量按设计图示尺寸以楼梯（包括踏步、休息平台及$\leqslant 500mm$的楼梯井）水平投影面积计算。楼梯与楼地面相连时，算至梯口梁内侧边沿；无梯口梁者，算至最上一层踏步边沿加$300mm$。

1）"楼梯面积按水平投影面积计算"是指为简化计算，不按楼梯的踢面、踏面展开，而是以楼梯间踏步、休息平台及小于$500mm$宽的楼梯井的水平平面面积计算。计算时分三种情况：第一种，有走道墙的，楼梯与走道的分界线以走道墙的边线为界；第二种，无走道墙有梯口梁的，以梯口梁为界，楼梯面积包括梯口梁；第三种，无走道墙且无梯口梁的，以最上一层踏步外沿$300mm$为界。

2）"休息平台"是指楼梯"一跑"与"另一跑"之间歇脚的平台。

3）"楼梯井"是指楼梯两跑之间转弯时结构设计的空隙。其宽度小于或等于$500mm$时，楼梯工程量不需要扣除该部分投影面积；当其宽度大于$500mm$时，则需要被扣除。

4）楼梯的构造：

楼梯一般是由楼梯段、楼梯平台、楼梯栏板或楼梯栏杆三部分组成的。楼梯段是由梯梁（斜梁）、梯板等构件组成的。平台由平台梁、平台板等组成。栏板或栏杆栏板或栏杆、扶手等，如图2-7所示。

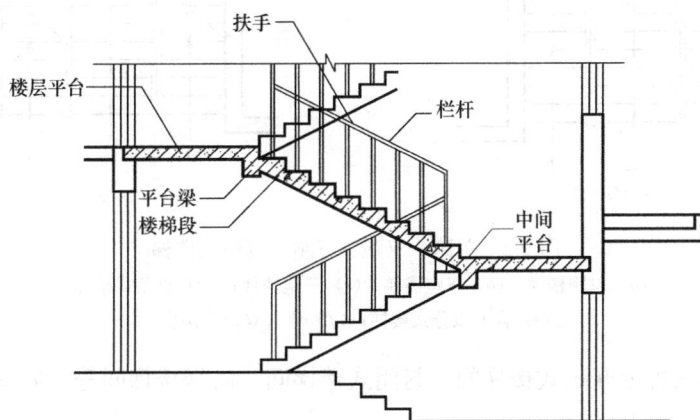

图2-7　楼梯的组合

5）楼梯的类型

工程中，常按楼梯的平面形式进行分类。可分为单跑楼梯、双跑楼梯、三跑楼梯、直角式楼梯、合上双分式楼梯、分上双合式楼梯等多种形式的楼梯，如图2-8所示。

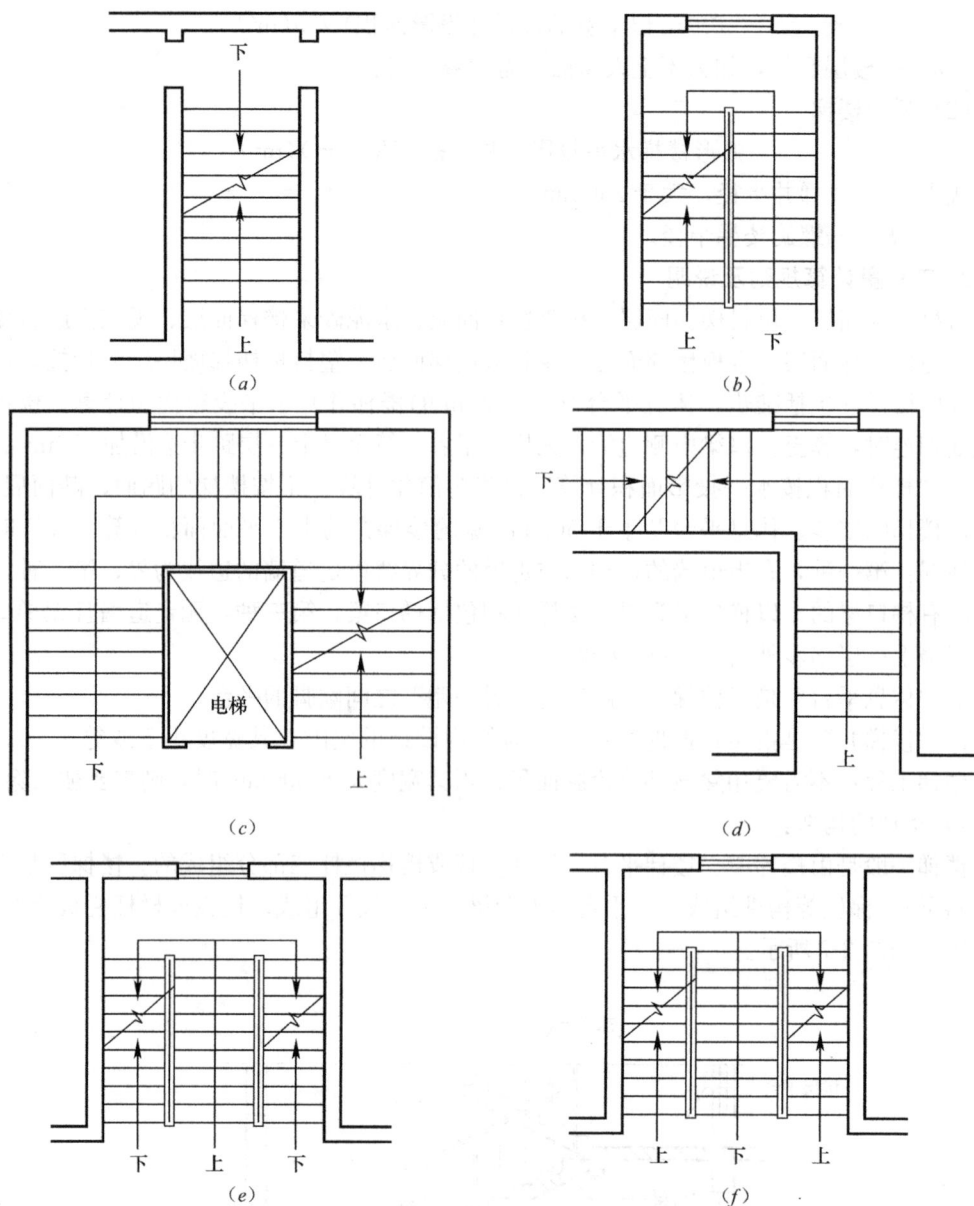

图 2-8 单跑、双跑、三跑、直角式楼梯

(a) 单跑楼梯；(b) 双跑楼梯；(c) 三跑楼梯；(d) 直角式楼梯；

(e) 合上双分式楼梯；(f) 分上双合式楼梯

按楼梯间形式可分开敞式楼梯间、封闭式楼梯间、防烟楼梯间等，如图 2-9 所示。

2.1.5 台阶装饰

1. 计算公式

工程量＝(台阶水平投影长度＋0.3)×台阶宽度(m²)

2. 工程量计算规则及说明

石材台阶面、块料台阶面、拼碎块料台阶面、水泥砂浆台阶面、现浇水磨石台阶面、剁假石台阶面工程量按设计图示尺寸以台阶（包括最上层踏步边沿300mm）水平投影面积计算。

1）"台阶面层按水平投影面积计算"是指为简化计算，不按台阶的踢面、踏面展开，而是以台阶的水平投影面积计算。

2）"包括踏步及最上一层踏步沿300mm"是指台阶的水平投影长度的取定除台阶本身的踏步投影长度以外还要加上最上层外延的300mm，如图2-10所示。

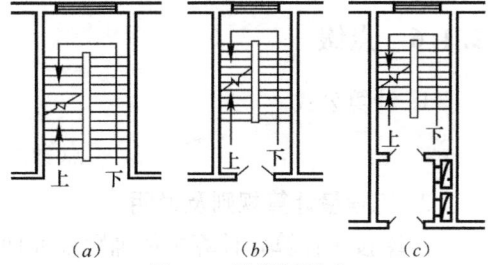

图2-9 楼梯间形式

(a) 开敞式楼梯间；(b) 封闭式楼梯间；(c) 防烟楼梯间

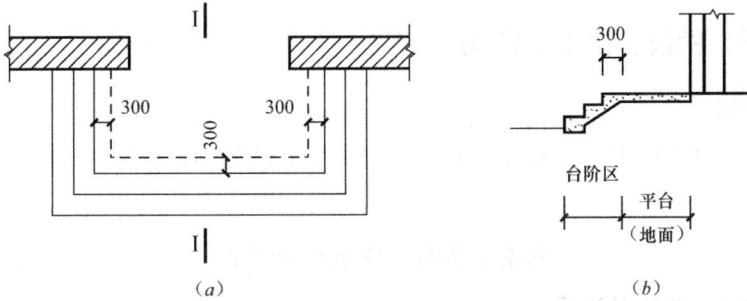

图2-10 台阶与平台相连时工程量计算示意图

(a) 平面图；(b) I—I剖面图

3）台阶的宽度指台阶的设计净宽度，不包括梯带、牵边、花池等。

4）台阶的形式有单面踏步式、三面踏步式、单面踏步带垂带石、方形石等形式，如图2-11所示。

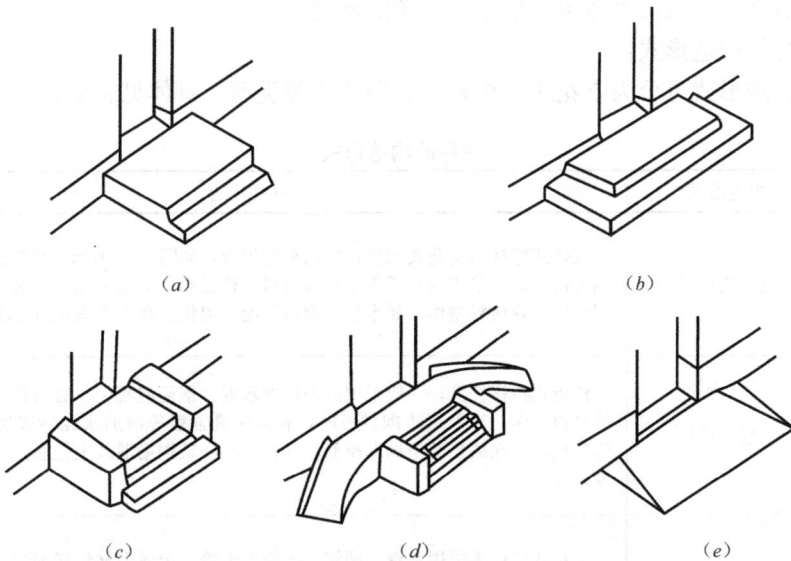

图2-11 台阶的形式示意图

(a) 单面踏步式；(b) 三面踏步式；(c) 单面踏步带方形石；(d) 坡道；(e) 坡道与踏步结合

2.1.6 点缀

1. 计算公式

$$点缀 = 镶拼个数（个）$$

2. 工程量计算规则及说明

点缀按个计算，计算主体铺贴地面面积时，不扣除点缀所占面积。

1）点缀是指镶拼面积小于 $0.015m^2$ 的石材地面。

2）因点缀面积太小，而且镶贴复杂，所以在计算主体铺贴地面面积时不予扣除且镶贴点缀另列项计算。

2.1.7 栏杆、栏板、扶手、弯头

1. 计算公式

$$栏杆、栏板、扶手工程量 = 图示中心线的实际长度（m）$$

或

$$弯头工程量 = 图示数量（个）$$

2. 工程量计算规则及说明

栏杆、栏板、扶手均按其中心线长度以延长米计算，计算扶手时不扣除弯头所占长度。弯头按个计算。

（1）定额中规定的不同材质的"栏杆、栏板、扶手"的截面积已定，长度上发生变化，因此以延长米计算。

（2）弯头是楼梯转弯处的结构构件，计算扶手时其长度不需扣除，弯头工程量另算。一个转弯一般有一个或两个弯头，根据设计图纸确定。

（3）栏杆的构造形式：

栏杆的构造形式可分为空花式、栏板式、混合式等类型，具体见表 2-1。

栏杆的构造形式 表 2-1

序号	构造形式	具体内容
1	混合式栏杆	混合式栏杆指空花式和栏板式两种的组合，如图 2-12 所示。栏杆作为主要的抗侧力构件，常采用钢材或不锈钢等材料。栏板则作为防护和美观装饰构件，常采用轻质美观材料制作，如木板、塑料贴面、铝板、有机玻璃或钢化玻璃等
2	栏板式栏杆	栏板式栏杆杆件，一般采用砖钢丝网水泥、钢筋混凝土、有机玻璃或钢化玻璃等材料制作。当采用砖砌栏板时，宜采用高强度等级的水泥砂浆砌筑 1/2、1/4 砖栏板，并在适当部位加设拉筋，并在顶部浇筑钢筋混凝土把它连成整体，以加强强度
3	空花式栏杆	空花式栏杆多采用扁钢、圆钢、方钢及钢管等金属型材焊接而成，其杆件形成的空花尺寸不宜过大，通常控制在 120～150mm 左右。常见空花式栏杆的形式如图 2-13 所示

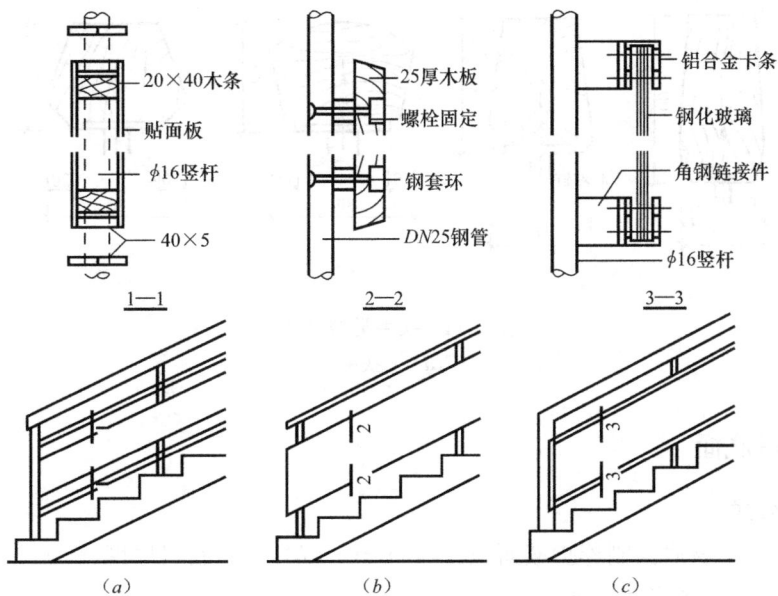

图 2-12　混合式栏杆

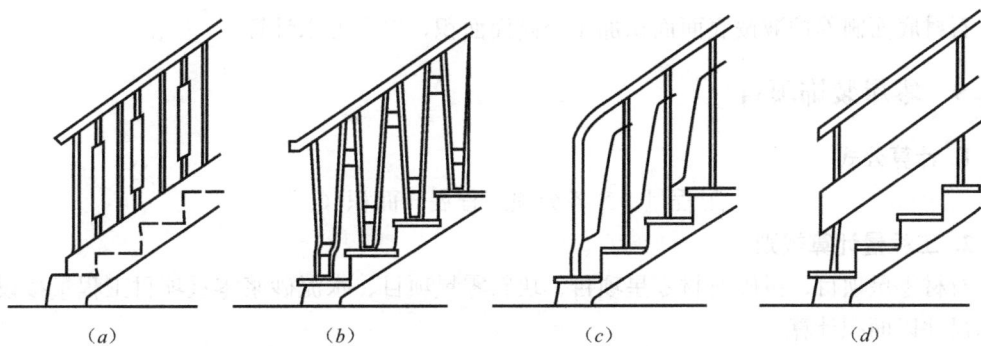

图 2-13　空花式栏杆

（4）扶手的类型：

楼梯扶手可用硬木、钢管、水泥砂浆、水磨石等制成，常见扶手的类型如图 2-14 所示。

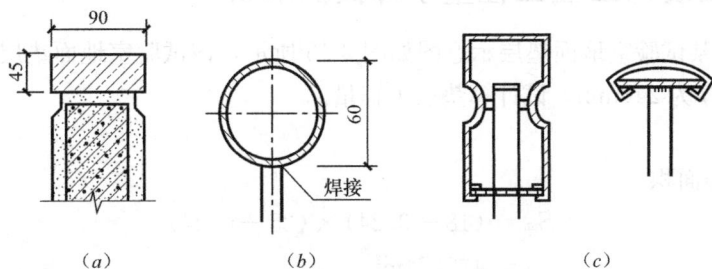

图 2-14　扶手类型（一）

（a）石材扶手；（b）金属管扶手；（c）塑料扶手

17

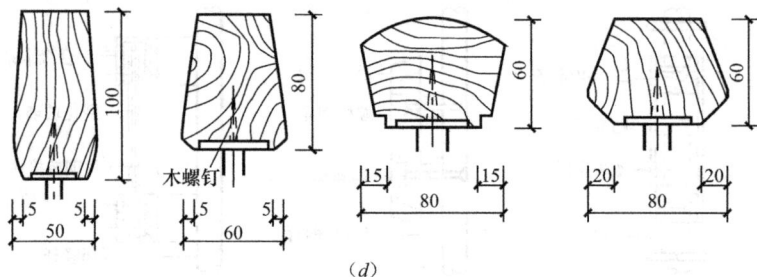

图 2-14 扶手类型（二）

(d) 木扶手

2.1.8 石材底面

1. 计算公式

$$石材底面刷养护液面积 = a \times b + (a+b) \times 2 \times 石材厚度 (\text{m}^2)$$

式中 a——石材长度，m；

b——石材宽度，m。

2. 工程量计算规则

石材底面刷养护液按底面面积加 4 个侧面面积，以平方米计算。

2.1.9 零星装饰项目

1. 计算公式

$$工程量 = \Sigma \text{ 各分项工程展开面积}（\text{m}^2）$$

2. 工程量计算规则

石材零星项目、拼碎石材零星项目、块料零星项目、水泥砂浆零星项目工程量按设计图示尺寸以面积计算。

（1）"零星项目"是指定面积在 1m^2 以内且定额中未列项目的工程以及一些施工复杂、工料耗用量相比较多的项目。

（2）楼梯侧面、台阶牵边、小便池、蹲台、池槽等的面层工程量属于零星项目。

2.2 楼地面装饰工程工程量手算实例解析

【例 2-1】 某试验室地面垫层示意图如图 2-15 所示，该试验室地面垫层为 C20 混凝土 150mm 厚，墙厚为 240mm，试计算垫层工程量。

【解】

（1）室内净面积

$$S_{净} = (18-0.24) \times (25-0.24)$$
$$= 439.74\text{m}^2$$

（2）设备基础所占面积

$$S_{设备} = 3.2 \times 4.4 - 1.5 \times (4.4-2)$$

$$= 10.48m^2$$

（3）C20 混凝土垫层体积

$$V_{垫} = (439.74 - 10.48) \times 0.15$$
$$= 64.39m^3$$

【例 2-2】 某房间平面图如图 2-16 所示，外墙外侧宽为 370mm，内墙内侧宽为 120mm。房间内有一长 600mm、宽 400mm 的矩形支柱。试分别计算此房间铺贴大理石和做现浇水磨石板整体面层时的工程量。

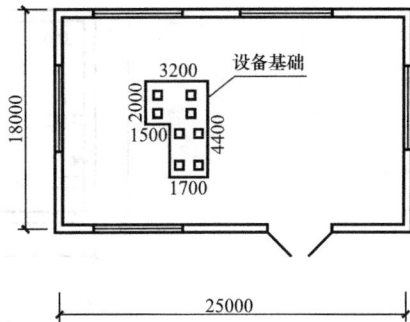

图 2-15 某试验室地面垫层示意图

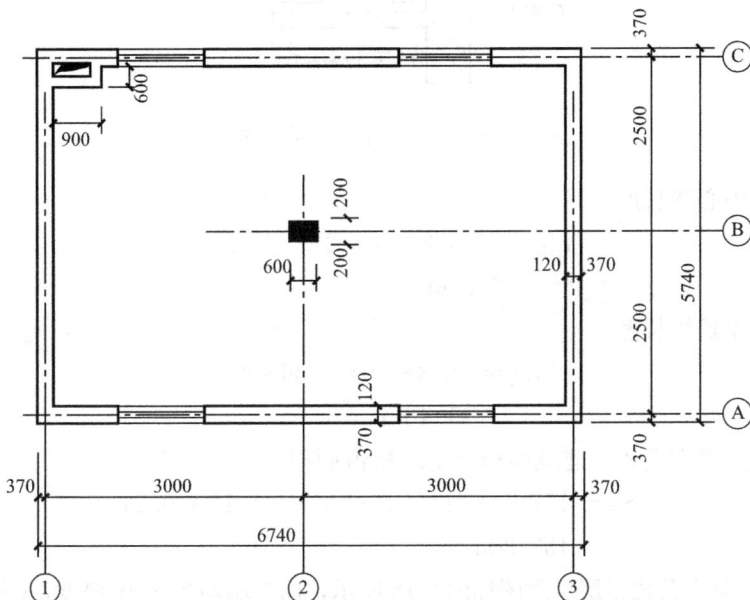

图 2-16 某房间平面图

【解】

（1）铺贴大理石地面面层

$$S_{大石} = (3 + 3 - 0.12 \times 2) \times (2.5 + 2.5 - 0.12 \times 2) - 0.9 \times 0.6 - 0.4 \times 0.6$$
$$= 26.64m^2$$

（2）现浇水磨石整体面层

$$S_{水石} = (3 + 3 - 0.12 \times 2) \times (2.5 + 2.5 - 0.12 \times 2) - 0.9 \times 0.6$$
$$= 26.88m^2$$

【例 2-3】 某菱苦土地面示意如图 2-17 所示，试计算其工程量。

【解】

（1）建筑面积

$$S_{建} = 6.3 \times 25$$
$$= 157.5m^2$$

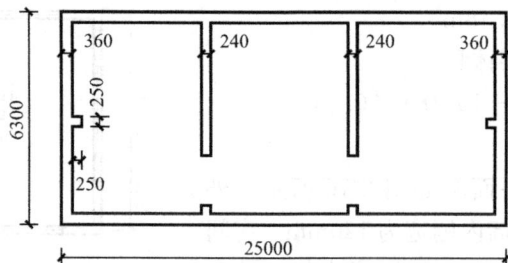

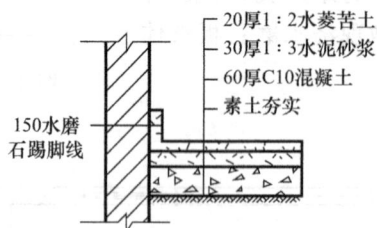

图 2-17　菱苦土地面示意图

（2）外墙中心线长度

$$L_{外} = (6.3 + 25) \times 2 - 4 \times 0.36$$
$$= 61.16\text{m}$$

（3）内墙净长线长度

$$L_{内} = (6.3 - 2 \times 0.36) \times 2$$
$$= 11.16\text{m}$$

（4）主墙间净空面积＝建筑面积－主墙所占面积

$$S_{净} = 157.5 - 61.16 \times 0.36 - 11.16 \times 0.24$$
$$= 132.80\text{m}^2$$

【例 2-4】　某办公楼二层示意图如图 2-18 所示，内外墙均 240mm 厚度，C20 细石混凝土找平层厚度 40mm。求住宅楼二层房间（不包括卫生间、厨房）找平层工程量。

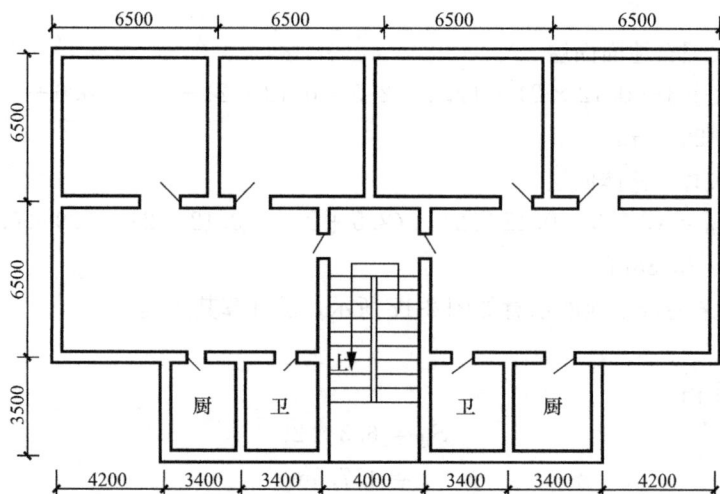

图 2-18　某办公楼二层示意图

【解】

$$S = (6.5 - 0.24) \times (6.5 - 0.24) \times 4 + (6.5 - 0.24) \times (11 - 0.24) \times 2$$
$$= 291.47 \text{m}^2$$

【例 2-5】 如图 2-19 所示，某过厅铺贴拼花大理石半径为 190mm，石材表面刷养护液，试计算该地面拼花大理石及大理石表面刷养护液的定额工程量。

【解】

（1）地面铺贴拼花大理石

$$S_{\text{石}} = 3.14 \times 1.9^2$$
$$= 11.34 \text{m}^2$$

（2）大理石表面刷养护液

$$S = 3.14 \times 1.9^2$$
$$= 11.34 \text{m}^2$$

【例 2-6】 图 2-20 为某建筑物平面图，墙厚均为 240mm；踢脚线高 150mm；地面找平层为 25mm 厚的水泥砂浆，试分别计算楼地面铺贴、踢脚线的工程量并编制综合单价分析表。已知墙厚为 240mm，共有四扇门：门宽分别为 M1＝1.00m；M2＝1.20m；M3＝0.90m；M4＝1.00m。

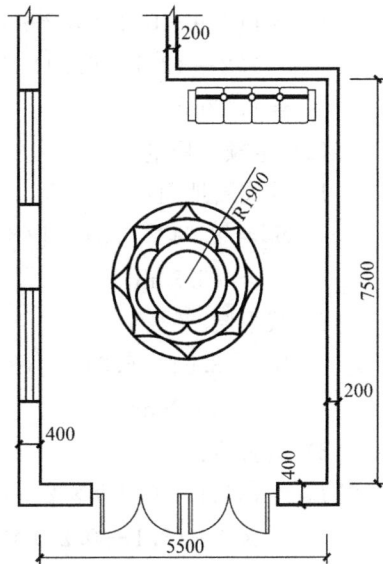

图 2-19 某过厅地面铺贴示意图

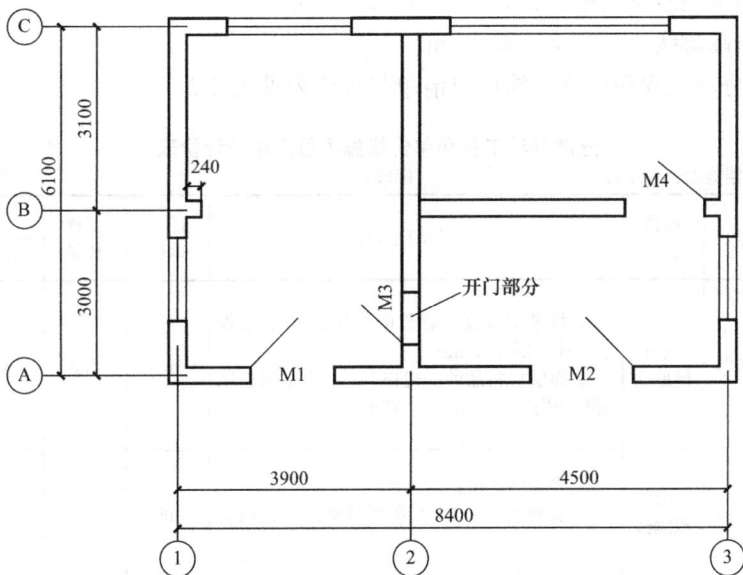

图 2-20 某建筑平面图

【解】

（1）清单工程量

1）花岗石地面：

$$S_{地} = 8.64 \times 6.34 - [(8.4+6.1) \times 2 + 6.1 - 0.24 + 4.5 - 0.24] \times 0.24$$
$$= 45.39 \text{m}^2$$

2）踢脚线：

$$L_{线} = [(3.9-0.24) \times 2 + (6.1-0.24) \times 2 + (4.5-0.24) \times 4 + (3-0.24)$$
$$\times 2 + (3.1-0.24) \times 2 - (1+1.2+0.9 \times 2 + 1 \times 2) + 0.24 \times 2] \times 0.15$$
$$= 6.27 \text{m}^2$$

（2）定额工程量

1）花岗石地面：

$$S_{地} = 8.64 \times 6.34 - [(8.4+6.1) \times 2 + 6.1 - 0.24 + 4.5 - 0.24] \times 0.24$$
$$= 45.39 \text{m}^2$$

2）找平层：

$$S_{平} = 8.64 \times 6.34 - [(8.4+6.1) \times 2 + 6.1 - 0.24 + 4.5 - 0.24] \times 0.24$$
$$= 45.39 \text{m}^2$$

3）踢脚线：

$$L_{线} = [(3.9-0.24) \times 2 + (6.1-0.24) \times 2 + (4.5-0.24) \times 4 + (3-0.24)$$
$$\times 2 + (3.1-0.24) \times 2 - (1+1.2+0.9 \times 2 + 1 \times 2) + 0.24 \times 2] \times 0.15$$
$$= 6.27 \text{m}^2$$

（3）清单项目每计量单位应包含工程数量：

1）花岗石地面：$45.39 \div 45.39 = 1 \text{m}^2$

2）楼地面水泥砂浆找平层：$45.39 \div 45.39 = 1 \text{m}^2$

3）花岗石踢脚线：$6.27 \div 6.27 = 1 \text{m}^2$

（4）分部分项工程和单价措施项目清单与计价表见表 2-2。

分部分项工程和单价措施项目清单与计价表 表 2-2

工程名称：某楼地面铺贴工程　　　　　　　　　标段：　　　　　　　　第　页　共　页

序号	项目编号	项目名称	项目特征描述	计量单位	工程数量	金额/元 综合单价	合价
1	011102003001	块料楼地面	1. 找平层厚度、砂浆配合比：1:3 水泥砂浆找平层厚 25mm 2. 面层材料品种、规格：1:25 水泥砂浆铺贴花岗岩，600mm×600mm	m²	45.39	242.55	11009.34
2	011105003001	块料踢脚线	1. 踢脚线高度：200mm 2. 材料种类：1:2 水泥砂浆铺贴花岗岩石	m²	6.27	261.02	1636.60
			合计				12645.94

（5）工料机单价：人工按 40 元/工日，管理费率 170%，利润率 40%，计费基础为人工费。综合单价分析表见表 2-3～表 2-4。

工程名称：某楼地面铺贴工程　　　　　标段：　　　　　　　　第　页　共　页

项目编码	011102003001		项目名称	块料楼地面		计量单位	m²	工程量	45.39

清单综合单价组成明细

定额编号	定额名称	定额单位	数量	单价				合价			
				人工费	材料费	机械费	管理费和利润	人工费	材料费	机械费	管理费和利润
—	花岗岩楼地面	m²	1	8.7	203.91	0.16	18.27	8.7	203.91	0.16	18.27
—	楼地面水泥砂浆找平层	m²	1	2.62	3.23	0.16	5.50	2.62	3.23	0.16	5.50
	人工单价		小计					11.32	207.14	0.32	23.77
40 元/工日			未计价材料费								
	清单项目综合单价							242.55			

工程名称：某楼地面铺贴工程　　　　　标段：　　　　　　　　第　页　共　页

项目编码	011105003001		项目名称	块料踢脚线		计量单位	m²	工程量	6.27

清单综合单价组成明细

定额编号	定额名称	定额单位	数量	单价				合价			
				人工费	材料费	机械费	管理费和利润	人工费	材料费	机械费	管理费和利润
—	花岗岩踢脚线	m²	1	16.58	209.62	0.00	34.82	16.58	209.62	0.00	34.82
	人工单价		小计					16.58	209.62	0.00	34.82
40 元/工日			未计价材料费								
	清单项目综合单价							261.02			

【例 2-7】　如图 2-21 所示的地面做法为：清理基层，刷素水泥浆，粘贴淡青色瓷砖，镶嵌黑白根花岗石点缀，图中黑色斑点即为花岗石点缀。试计算其工程量并编制综合单价分析表。

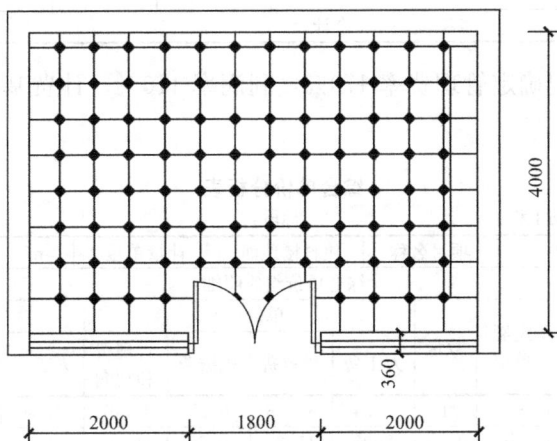

图 2-21　地面铺贴示意图

【解】

（1）清单工程量

$$S = 5.8 \times 4 + 0.36 \times 1.8$$

$$= 23.85\text{m}^2$$

（2）定额工程量

1）铺贴淡青色瓷砖

$$S_{青} = 5.8 \times 4 + 0.36 \times 1.8$$
$$= 23.85\text{m}^2$$

2）黑白根花岗石点缀

$$n = 8 \times 12$$
$$= 96 \text{个}$$

（3）清单项目每计量单位应包含工程数量：

1）铺贴米黄色 600mm×600mm 瓷砖：

$$23.85 \div 23.85$$
$$= 1\text{m}^2$$

2）100mm×100mm 黑白根花岗岩点缀：

$$96 \div 23.85$$
$$= 4.03 \text{个}$$

（4）分部分项工程和单价措施项目清单与计价表见表 2-5。

分部分项工程和单价措施项目清单与计价表　　　　　　表 2-5

工程名称：某地面铺贴工程　　　　　　　标段：　　　　　　　第　页　共　页

项目编号	项目名称	项目特征描述	计量单位	工程数量	金额/元	
					综合单价	合价
011102003001	块料楼地面	1. 面层材料品种、规格、颜色：淡青色 600mm×600mm 瓷砖、100mm×100mm 黑白根花岗岩点缀 2. 结合层材料种类：水泥砂浆 1：3	m²	23.85	272.37	6496.02
		合计				6496.02

（5）根据企业情况确定管理费率 170%，利润率 110%，计费基础为人工费。综合单价分析表见表 2-6。

综合单价分析表　　　　　　表 2-6

工程名称：某地面铺贴工程　　　　　　　标段：　　　　　　　第　页　共　页

项目编码	011102003001		项目名称		块料楼地面	计量单位		m²	工程量		23.85

综合单价组成明细

定额编号	定额名称	定额单位	数量	单价/元				合价/元			
				人工费	材料费	机械费	管理费和利润	人工费	材料费	机械费	管理费和利润
2-162	陶瓷地砖铺贴	m²	1	6.34	89.78	0.65	18.07	6.34	89.78	0.65	18.07
1-013	花岗岩楼地面点缀	个	4.03	7.03	11.36	0.66	20.04	28.33	45.78	2.66	80.76
	人工单价							34.67	135.56	3.31	98.83
22.47 元/工日			未计价材料费					—			
	清单项目综合单价							272.37			

24

【例 2-8】 如图 2-22 所示为某酒店装饰装修工程大堂花岗石地面部分施工图，试计算其工程量。

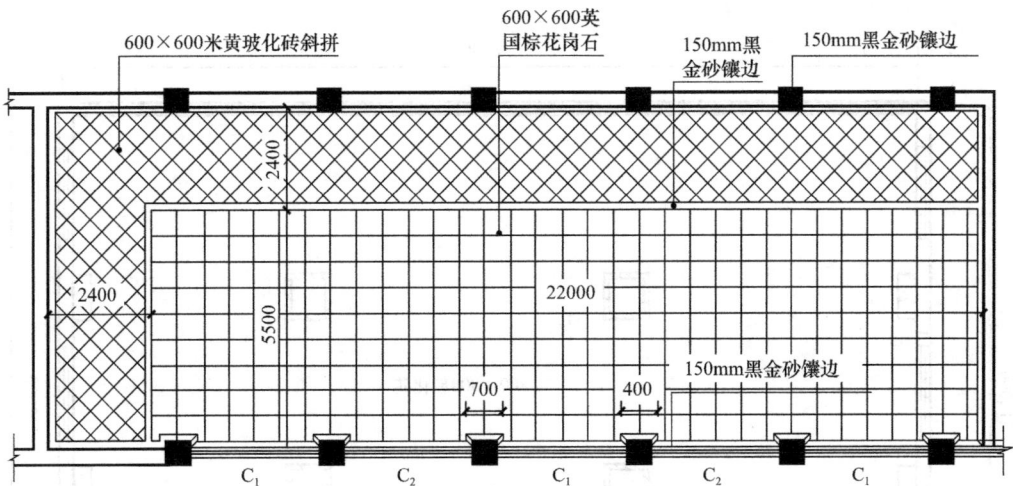

图 2-22 花岗石地面

【解】

(1) 600×600 的英国棕花岗石面积

$$S_{面} = (22 - 0.15) \times (5.5 - 0.15) - 0.7 \times 0.15 \times 6$$
$$= 116.27 \text{m}^2$$

(2) 600×600 米黄玻化砖斜拼

$$S = (22 + 2.4 - 0.15 \times 2) \times 2.4 + 5.5 \times 2.4$$
$$= 71.04 \text{m}^2$$

(3) 150mm 黑金砂镶边面积

$$S = (22 + 2.4) \times (5.5 + 2.4)$$
$$\quad - 116.27 - 71.04 - 0.4 \times 0.15 \times 6$$
$$= 5.09 \text{m}^2$$

【例 2-9】 某办公楼四层示意图如图 2-23 所示，试计算楼梯水磨石面层工程量。

【解】

楼梯水磨石面层工程量：

$$S = (2 - 0.24) \times (2.16 + 1.52 - 0.24)$$
$$= 6.05 \text{m}^2$$

【例 2-10】 某装饰工程地面、墙面、天棚的装饰工程如图 2-24 所示，已知：

(1) 房间外墙厚度 240mm，中到中尺寸为 12000mm×18000mm，屋内有 800mm×800mm 独立柱 4 根；

(2) 墙体抹灰厚度 20mm（门窗占位面积 80m²、门窗洞口侧壁抹灰 15m²、柱跺展开

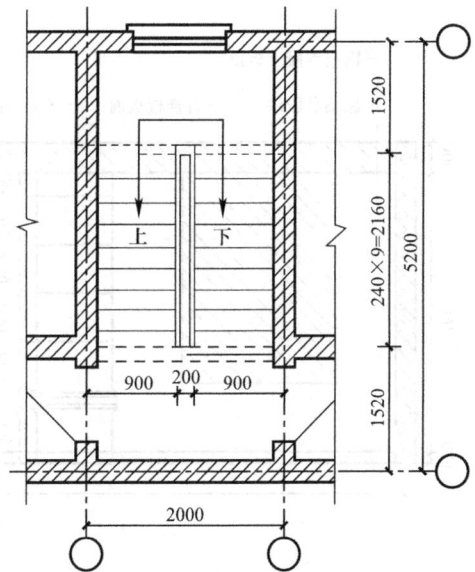

图 2-23 某办公楼四层示意图

面积 11m²）；

（3）地面施工后尺寸为（12－0.24－0.04）×（18－0.24－0.04）；

（4）吊顶高度 3600mm（窗帘盒占位面积 7m²），地面厚 20mm；

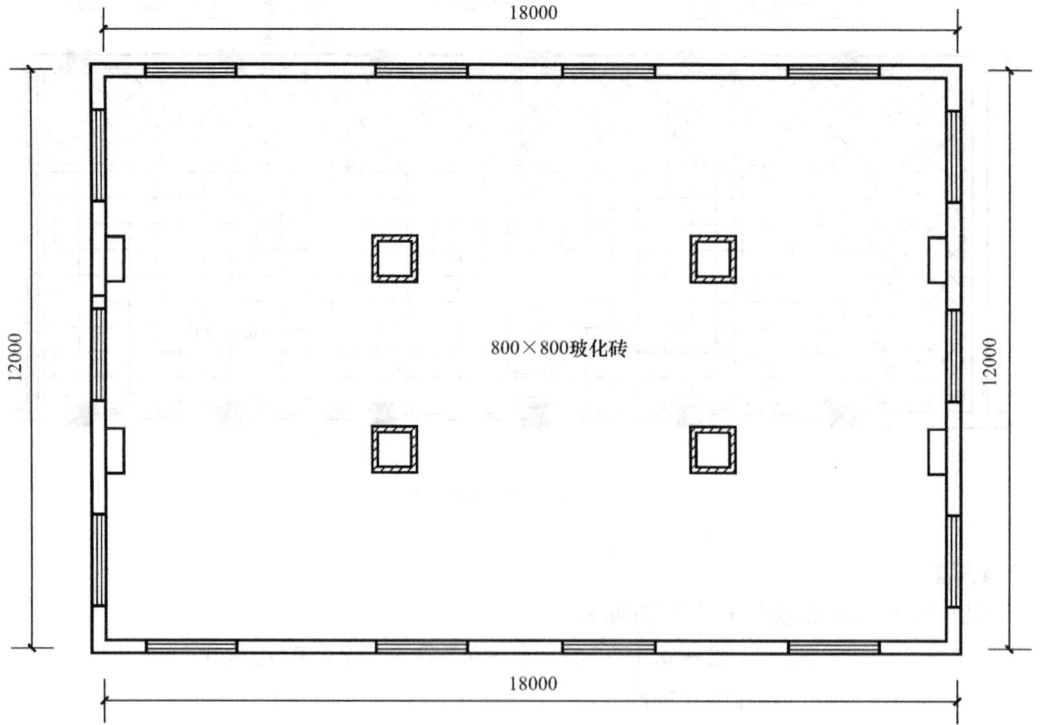

（a）

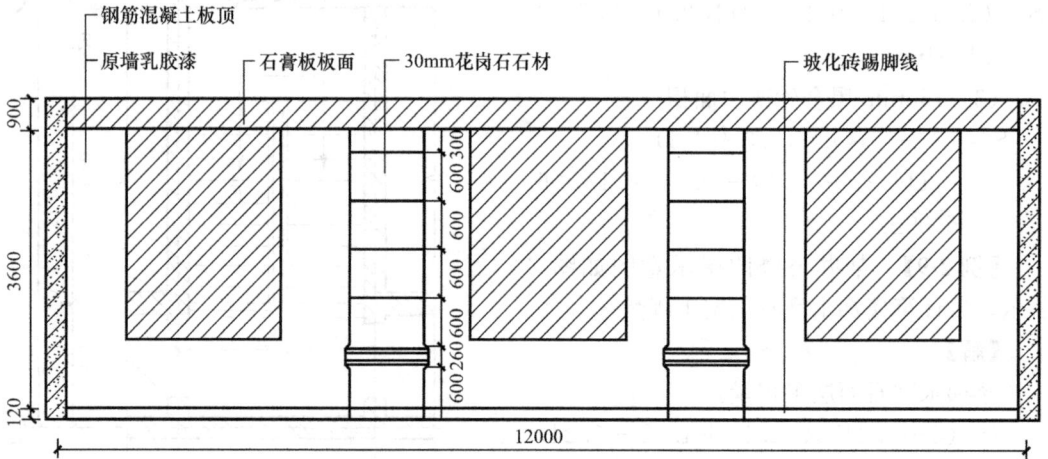

立面剖面图   S1：40

注：图中尺寸为设计尺寸（以实际放样为准）

（b）

图 2-24 某工程施工图（一）

（a）地面示意图；（b）大厅立面图

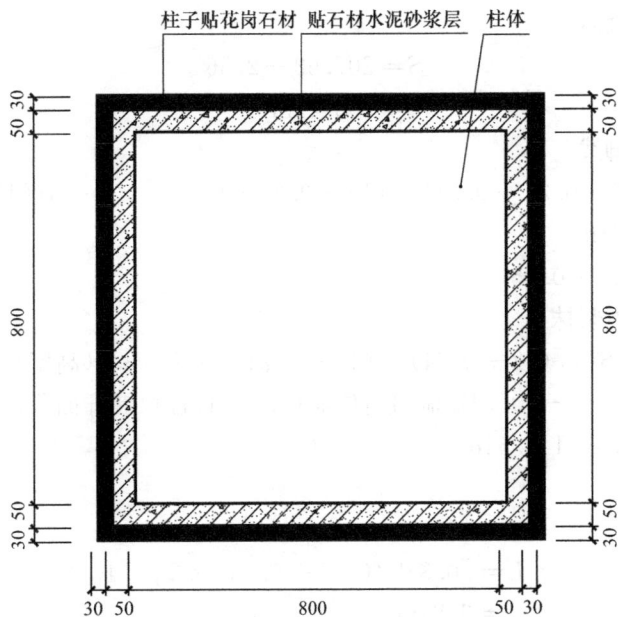

柱子贴花岗石材 贴石材水泥砂浆层 柱体

(c)

原墙墙体

墙体乳胶漆基层

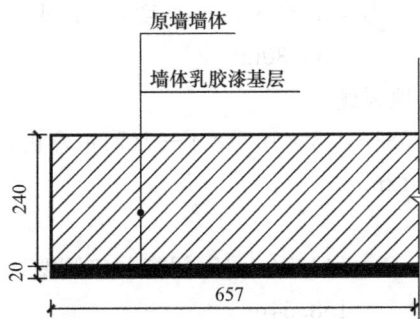

(d)

图 2-24 某工程施工图（二）

(c) 大厅立柱剖面图；(d) 墙体抹灰剖面图

（5）玻化砖踢脚线，高度 150mm（门洞宽度合计 4m），柱面挂贴厚 30mm 花岗石板，花岗石板和柱结构面之间空隙填灌厚 50mm 的水泥砂浆。

试计算装饰工程地面、踢脚线、花岗石柱面、墙面喷刷乳胶量以及天棚等项目工程量。

【解】

（1）玻化砖地面

1）地面面积：

$$S = (12 - 0.24 - 0.04) \times (18 - 0.24 - 0.04)$$
$$= 207.68 \text{m}^2$$

2）扣柱占位面积：

$$S = (0.8 \times 0.8) \times 4 \text{ 根}$$
$$= 2.56 \text{m}^2$$

3）钢化玻璃地面：
$$S = 207.68 - 2.56$$
$$= 205.12\text{m}^2$$

（2）玻化砖踢脚线
$$L = [(12 - 0.24 - 0.04) + (18 - 0.24 - 0.04)] \times 2 - 4(\text{门洞宽度})$$
$$= 54.88\text{m}$$
$$S = 54.88 \times 0.15 = 8.232\text{m}^2$$

（3）墙面混合砂浆抹灰
$$S = [(12 - 0.24) + (18 - 0.24)] \times 2 \times 3.6(\text{高度})$$
$$- 80(\text{门窗洞口占位面积}) + 11(\text{柱垛展开面积})$$
$$= 143.54\text{m}^2$$

（4）花岗石柱面
1）柱周长：
$$L = [0.8 + (0.05 + 0.03) \times 2] \times 4$$
$$= 3.84\text{m}$$

2）花岗石柱面工程量：
$$S = 3.84 \times 3.6(\text{高度}) \times 4 \text{ 根}$$
$$= 55.30\text{m}^2$$

（5）轻钢龙骨石膏板吊顶天棚
$$207.68 - 0.8 \times 0.8 \times 4 - 7(\text{窗帘盒占位面积})$$
$$= 198.12\text{m}^2$$

（6）墙面喷刷乳胶漆
$$S = 143.54 + 15(\text{门窗洞口侧壁})$$
$$= 158.54\text{m}^2$$

（7）天棚喷刷乳胶漆
$$S = 207.68 - (0.8 + 0.05 \times 2 + 0.03 \times 2) \times (0.8 + 0.05 \times 2 + 0.03 \times 2)$$
$$\times 4 - 7(\text{窗帘盒占位面积})$$
$$= 196.99\text{m}^2$$

工程量清单计算表见表 2-7。

清单工程量计算表　　　　　　　　　　　　　　　　　　　　　　表 2-7

序号	项目编码	项目名称	项目特征描述	工程量合计	计量单位
1	011102001001	玻化砖地面	1. 找平层厚度、砂浆配合比：20mm 厚 1：3 水泥砂浆 2. 结合层、砂浆配合比：20mm 厚 1：2 干硬性水泥砂浆 3. 面层品种、规格、颜色：米色玻化砖（详见设计图纸）	205.12	m²
2	011105003001	玻化砖踢脚线	1. 踢脚线高度：150mm 2. 粘接层厚度、材料种类：4mm 厚纯水泥浆（425 号水泥中掺 20％白乳胶） 3. 面层材料种类：玻化砖面层，白水泥擦缝	8.23	m²

序号	项目编码	项目名称	项目特征描述	工程量合计	计量单位
3	011201001001	墙面混合砂浆抹灰	1. 墙体类型：综合 2. 底层厚度、砂浆配合比：9mm 厚 1∶1∶6 混合砂浆打底，7mm 厚 1∶1∶6 混合砂浆垫层 3. 面层厚度、砂浆配合比：5mm 厚 1∶0.3∶2.5 混合砂浆	143.54	m²
4	011205001001	花岗石柱面	1. 柱截面类型、尺寸：800mm×800mm 矩形柱 2. 安装方式：挂贴，石材与柱结构面之间 50mm 的空隙灌填 1∶3 水泥砂浆 3. 缝宽、嵌缝材料种类：密缝，白水泥擦缝	55.30	m²
5	011302001001	轻钢龙骨石膏板吊顶天棚	1. 吊顶形式、吊杆规格、高度：Φ6.5 吊杆，高度 900mm 2. 龙骨材料种类、规格、中距：轻钢龙骨规格中距详见设计图纸 3. 面层材料种类、规格：厚纸面石膏板 1200mm×2400mm×12mm	198.12	m²
6	011407001001	墙面喷刷乳胶漆	1. 基层类型：抹灰面 2. 喷刷涂料部位：内墙面 3. 腻子种类：成品腻子 4. 刮腻子要求：符合施工及验收规范的平整度 5. 涂料品种、喷刷遍数：乳胶漆底漆一遍、面漆两遍	158.54	m²
7	011407002001	天棚喷刷乳胶漆	1. 基层类型：石膏板面 2. 喷刷涂料部位：天棚 3. 腻子种类：成品腻子 4. 刮腻子要求：符合施工及验收规范的平整度 5. 涂料品种、喷刷遍数：乳胶漆底漆一遍、面漆两遍	196.99	m²

【例 2-11】 某居室地面施工图如图 2-25 所示，木踢脚线高 150mm，试按成品和非成品计算楼地面踢脚线、木地板的工程量。

【解】

（1）实木地板面积

$$S = 8.6 \times 15.5 - 3 \times 4 - 0.6 \times 0.2$$
$$\times 2 - 0.2 \times 0.3 \times 2 - 0.3 \times 0.6$$
$$= 120.76 \text{m}^2$$

（2）成品木踢脚线

$$L = (8.6 + 15.5) \times 2 + 0.3 \times 2 - 1.0$$
$$= 47.8 \text{m}$$

（3）非成品木踢脚线

$$L = 47.8 \times 0.15$$
$$= 7.17 \text{m}^2$$

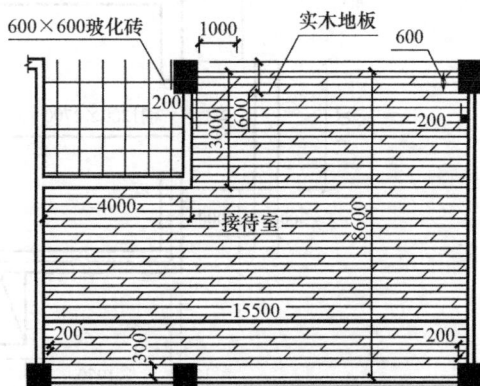

图 2-25 实木地板平面图

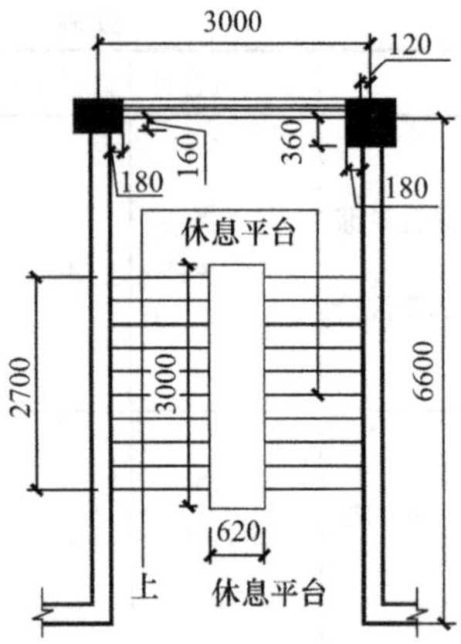

图 2-26 花岗石楼梯装饰面层

【例 2-12】 某花岗石楼梯装饰面层示意图（有走道墙的楼梯）如图 2-26 所示，试计算花岗石楼梯装饰面层及成品楼梯木踢脚线的工程量。

【解】

（1）楼梯花岗石面积

$$S = 6.6 \times (3 - 0.12 \times 2) - 0.16$$
$$\times 0.18 - 0.36 \times 0.18 - 0.62 \times 3$$
$$= 16.26 \text{m}^2$$

（2）成品木踢脚线工程量

$$L = (6.6 - 2.7) \times 2 + 2.7 \times 1.15 \times 2 + (3 - 0.12 \times 2)$$
$$= 16.77 \text{m}$$

【例 2-13】 根据图 2-27 尺寸，计算花岗石台阶面层工程量。

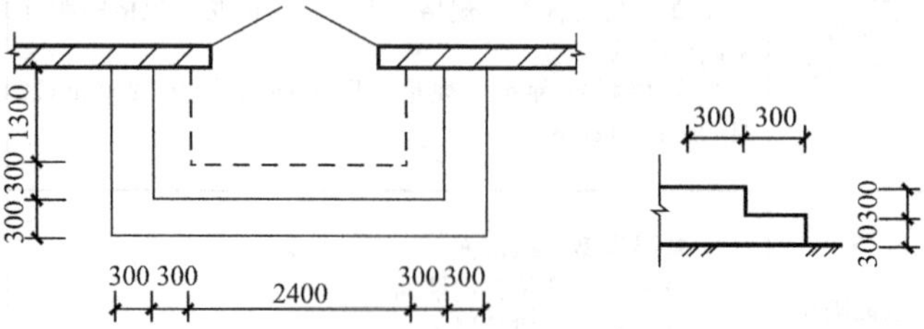

图 2-27 台阶示意图

【解】

$$S_{\text{面层}} = [(0.30 \times 2 + 2.4) + (0.30 + 1.3) \times 2] \times (0.30 \times 2)$$
$$= 6.20 \times 0.6$$
$$= 3.72 \text{m}^2$$

【例 2-14】 如图 2-28、图 2-29、图 2-30、图 2-31 所示。外墙厚为 240mm。根据已知条件试求台阶层面工程量，混凝土坡道水泥砂浆面层工程量以及混凝土散水工程量。

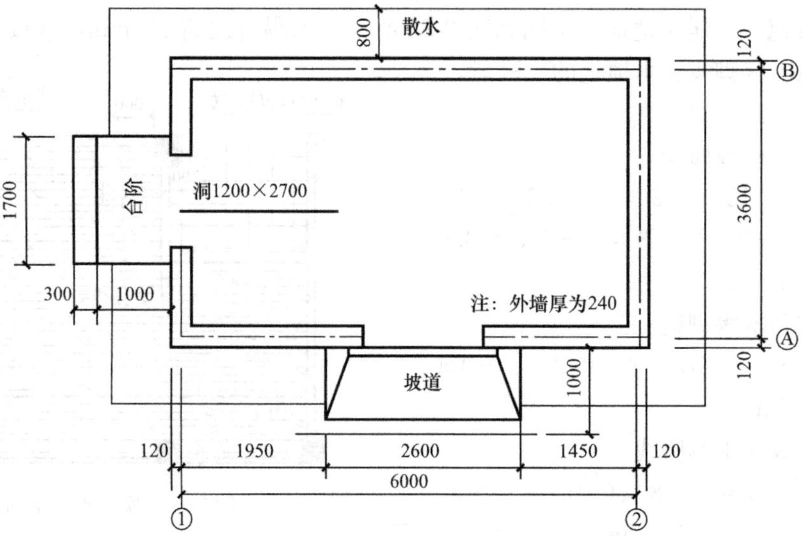

图 2-28 台阶、坡道、散水平面示意图

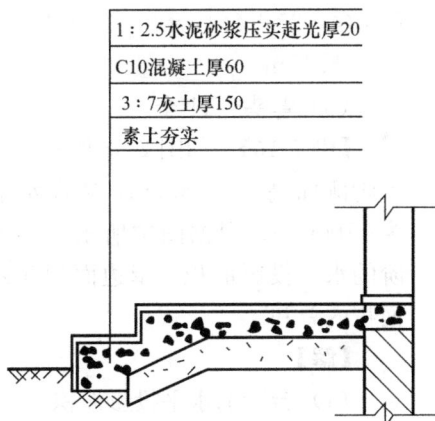

图 2-29 某混凝土台阶示意图

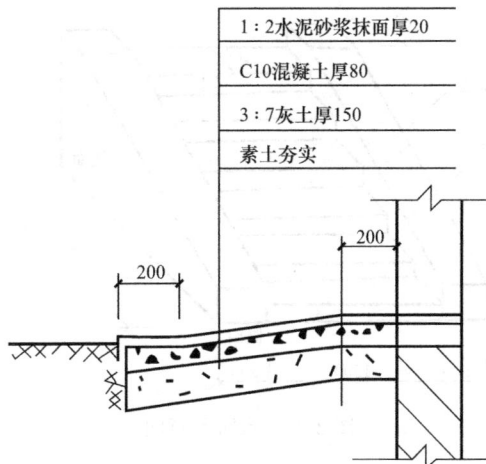

图 2-30 混凝土坡道示意图

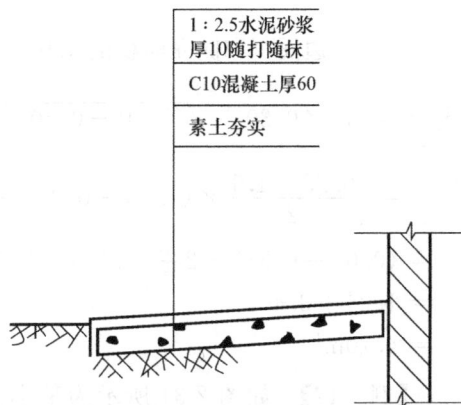

图 2-31 混凝土散水、面层随打
随抹剖面示意图

【解】

（1）台阶工程量

$$S_{台阶} = 1.7 \times (0.3 + 0.3)$$
$$= 1.02 m^2$$

（2）坡道水泥砂浆面层工程量

$$S_{坡道} = 2.6 \times 1$$
$$= 2.6 m^2$$

（3）散水工程量

$$S_{散水} = [(6 + 0.12 \times 2) \times 2 + (3.6 + 0.12 \times 2)$$
$$\times 2 + 0.8 \times 4 - 2.6 - 1.7] \times 0.8$$
$$= 15.25 m^2$$

【例 2-15】 如图 2-32 所示为某楼梯木扶手铁栏杆示意图，踏步高为 150mm，宽为 300mm，共 11 个踏步 4 层，楼梯井宽 400mm，试求楼梯木扶手带铁栏杆工程量。

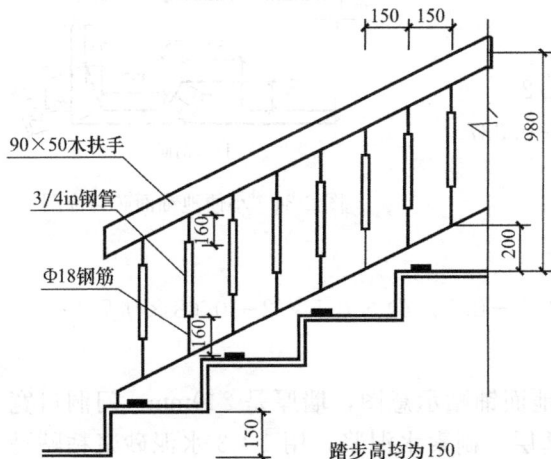

图 2-32 楼梯木扶手铁栏杆示意图

（1in＝0.0254m）

【解】

（1）踏步投影长

$$L = 0.3 \times (11 + 1)$$
$$= 3.6 m$$

（2）扶手高

$$H = 0.15 \times (11 + 1)$$
$$= 1.8 m$$

（3）扶手斜长

$$L = \sqrt{3.6^2 + 1.8^2}$$
$$= 4.025 m$$

（4）楼梯井宽：0.4m

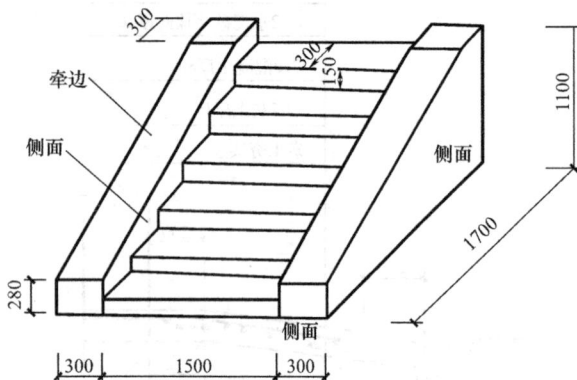

图 2-33　台阶示意图

（5）总长度

$$L = (4.025 + 0.4) \times 2 \times (4-1) + 1.6$$
$$= 28.15m$$

（6）弯头：11 个

【例 2-16】　如图 2-33 所示，已知台阶侧面高为 1100mm，侧面水平长为 1700mm。根据图中所示，试求台阶的水平投影面积、牵边面积和侧面面积的总和。

【解】

（1）台阶的水平投影面积

$$S_1 = 1.5 \times 1.7$$
$$= 2.55m^2$$

（2）牵边面积和侧面面积的总和

$$S_2 = (0.30 \times 0.30 + \sqrt{(1.70-0.30)^2 + (1.1)^2} \times 0.30) \times 2 + \left\{ (0.30 \times 0.28) \right.$$

$$\left. + \left[\frac{0.28+1.1}{2} \times (1.70-0.30) + 0.30 \times 1.1 \right] \times 2 - 0.15 \times 0.3 \times \frac{6 \times (6+1)}{2} \right\} \times 2$$

$$= (0.09 + 0.53) \times 2 + (0.084 + 2.59 - 0.945) \times 2$$

$$= 1.24 + 3.46$$

$$= 4.70m^2$$

【例 2-17】　如图 2-34 所示为某小便池釉面砖装饰图，试计算小便池釉面砖装饰面层及拖把池装饰面层的工程量。

【解】

（1）小便池釉面砖工程量

$$S = (2.295 \times 2 + 0.075) \times 0.309/2$$
$$+ (0.337 \times 2 + 0.075 \times 2) \times 0.214/2$$
$$+ (2.295 \times 2 + 0.075) \times 0.214/2 + 0.337$$
$$\times 0.2 + 0.337 \times 2.295$$
$$= 2.15m^2$$

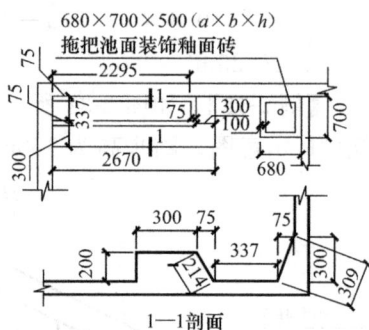

图 2-34　小便池釉面砖装饰图

（2）拖把池装饰面层工程量

$$S = (0.68 + 0.7) \times 0.5 + (0.68 + 0.7 - 0.1 \times 4) \times 0.5 \times 2 + 0.68 \times 0.7$$
$$= 2.15m^2$$

【例 2-18】　如图 2-35 所示为某卫生间地面铺贴示意图，墙厚是 240mm，门洞口宽度均是 1200mm，其地面做的法为：清理基层，刷素水泥浆，用 1∶3 水泥砂浆粘贴马赛克面层，500mm×500mm 拖布池。试编制分部分项工程量清单计价表和综合单价分析表。

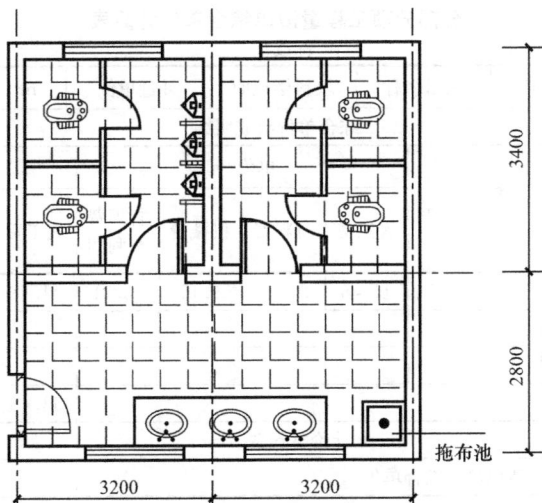

图 2-35 某卫生间地面铺贴示意图

【解】

(1) 地面铺贴清单工程量

$$S = (3.2 \times 2 - 0.24) \times (2.8 - 0.24) + (3.4 - 0.24)$$
$$\times (3.2 - 0.24) \times 2 + 1.2 \times 0.24 \times 2 - 0.5 \times 0.5$$
$$= 25.95 \text{m}^2$$

(2) 消耗量定额工程量：25.95m²

(3) 每计量单位包含工程数量及费用：

$$25.95 \div 25.95 = 1$$

1) 人工费：11.48 元

2) 材料费：21.03 元

3) 机械费：0.15 元

(4) 综合

直接费合计：32.66 元

管理费：32.66×34％＝11.10 元

利润：32.66×8％＝2.61 元

综合单价：46.37 元/m²

合价：46.37×25.95＝1203.30 元

分部分项工程量清单计价表

表 2-8

工程名称：卫生间地面铺贴工程　　　　　　　　　标段：　　　　　　　　　第　页　共　页

序号	项目编号	项目名称	项目特征描述	计算单位	工程数量	金额/元	
						综合单价	合价
1	011102003001	块料楼地面	1. 面层材料品种：陶瓷锦砖 2. 结合层材料种类：水泥砂浆1：3	m²	25.95	46.37	1203.30
合计							1203.30

表 2-9

分部分项工程量清单综合单价计算表

工程名称：卫生间地面铺贴工程　　　　　　　　　标段：　　　　　　　　　　　

| 项目编码 | 011102003001 | 项目名称 | 块料楼地面 | 计量单位 | m² | 工程量 | 26.32 |

综合单价组成明细

定额编号	定额名称	定额单位	数量	单价/元				合价/元			
				人工费	材料费	机械费	管理费和利润	人工费	材料费	机械费	管理费和利润
—	陶瓷锦砖铺贴	m²	1.00	11.48	21.03	0.15	13.71	11.48	21.03	0.15	13.71
人工单价								11.48	21.03	0.15	13.71
22.47 元/工日		未计价材料费						—			
清单项目综合单价								46.37			

3 墙、柱面装饰与隔断、幕墙工程手工算量与实例精析

3.1 墙、柱面装饰与隔断、幕墙工程工程量手算方法

3.1.1 墙、柱面抹灰工程量

1. 墙的基本类型

按照不同的划分方法，墙体有不同的类型。

(1) 按构成墙体的材料和制品分

较常见的有砖墙、石墙、砌块墙、板材墙、混凝土墙、玻璃幕墙等。

(2) 按墙体的受力情况分

按照墙体的受力情况，可以分为承重墙和非承重墙两类。凡是承担建筑上部构件传来荷的墙称为承重墙；不承担建筑上部构件传来荷载的墙称为非承重墙。

(3) 按墙体的位置分

按墙体的位置分为内墙与外墙，如图 3-1 所示。

(4) 按墙体的走向分

按墙体的走向，可以分为纵墙和横墙。纵墙是指沿建筑物长轴方向布置的墙；横墙是指沿建筑物短轴方向布置的墙。其中，沿着建筑物横向布置的首尾两端的横墙俗称山墙；在同一道墙上门窗洞口之间的墙体称为窗间墙；门窗洞口上下的墙体称为窗上或窗下墙，如图 3-2 所示。

(5) 按墙体的施工方式和构造分

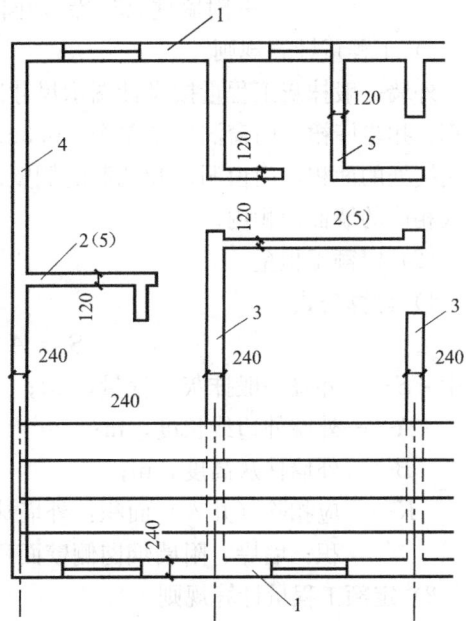

图 3-1 墙的种类

1—纵向外墙；2—纵向内墙；3—横向内墙；4—横向外墙，即山墙；5—不承重的隔墙

按墙体的施工方式和构造，可以分为叠砌式、版筑式和装配式三种。其中，叠砌式是一种传统的砌墙方式，如实砌砖墙、空斗墙、砌块墙等；版筑式的砌墙材料往往是散状或塑性材料，如夯土墙、滑模或大模板钢筋混凝土墙；装配式墙是在构件生产厂家事先制作墙体构件，在施工现场进行拼装，如大板墙、各种幕墙。

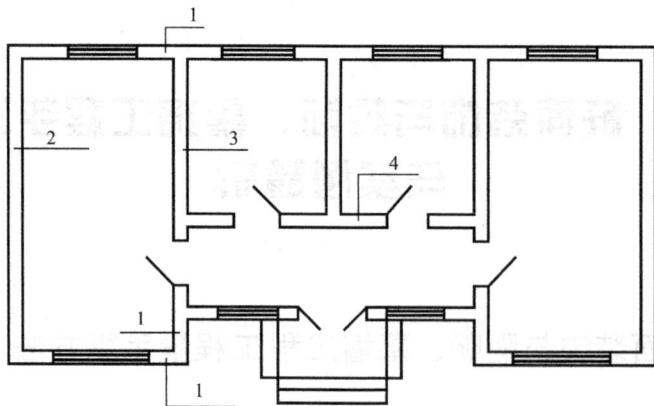

图 3-2 墙体的各部分名称

1—外墙；2—山墙；3—内横墙；4—内纵墙

2. 外墙一般抹灰

（1）清单工程量

1）计算公式

工程量 = 外墙外边线 × 檐高 − 门窗洞口面积 − 大于 0.3m² 孔洞面积
+ 附墙柱、梁、垛、烟囱侧壁面积(m²)

2）工程量计算规则

外墙一般抹灰工程量按设计图示尺寸以面积计算。外墙抹灰面积按外墙垂直投影面积计算。扣除墙裙、门窗洞口及单个＞0.3m² 的孔洞面积，不扣除踢脚线、挂镜线和墙与构件交接处的面积，门窗洞口和孔洞的侧壁及顶面不增加面积。附墙柱、梁、垛、烟囱侧壁并入相应的墙面面积内。

（2）定额工程量

1）计算公式

$$S = A \times B \pm K(\text{m}^2)$$

式中　S——外墙一般抹灰工程量，m²；

　　　A——外墙外边线长度，m；

　　　B——外墙抹灰高度，m；

　　　K——应扣除（并入）面积：外墙抹灰应扣除门、窗洞口和 0.3m² 以上孔洞所占面积；墙垛、附墙烟囱侧壁面积应并入内墙抹灰工程量内，m²。

2）定额工程量计算规则

外墙一般抹灰工程量按垂直投影面积计算，扣除门窗洞口和 0.3m² 以上的孔洞所占的面积，门窗洞口及孔洞侧壁面积亦不增加。附墙柱侧面抹灰面积并入外墙抹灰面积工程量内。

① "外墙面装饰抹灰的垂直投影面积"是指外墙的外边线与檐高的乘积。

② 外墙各种装饰抹灰均按图示尺寸以实抹面积计算。

③ 抹灰高度均应由设计至外地坪算起，其高度算至：

a. 平屋顶有挑檐（天沟）者，算至挑檐板底面，如图 3-3（a）所示。

b. 平屋顶无挑檐天沟、带女儿墙者，算至女儿墙压顶底面，如图 3-3（b）所示。

c. 坡屋顶带檐口顶棚的,算至檐口顶棚底面,如图 3-3 (c) 所示。

④"扣除门窗洞口和 0.3m² 以上的孔洞所占的面积,门窗洞口及孔洞侧壁面积亦不增加"是指为了简化计算,小于(包括等于)0.3m² 的孔洞所占的面积、门窗洞口及孔洞侧壁的人料机耗用量已综合考虑在定额分项中,因此不需增加计算这部分面积。其中"门窗洞口及孔洞侧壁"是指做法与外墙相同,沿墙的厚度方向的一半的部分,如图 3-4 所示。

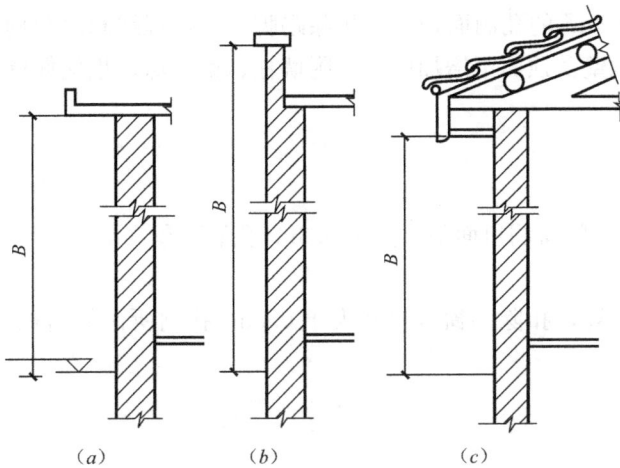

图 3-3 外墙抹灰高度

(a) 平屋顶有挑檐;(b) 平屋顶无挑檐带女儿墙;

(c) 坡屋顶带檐口顶棚

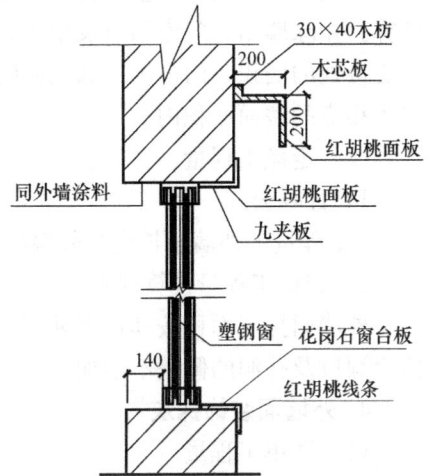

图 3-4 窗洞口侧壁装饰大样图

⑤"附墙柱侧面抹灰面积"是指部分嵌在墙中并有一部分突出墙面的柱的两侧的面积。

(3) 墙柱(梁)面抹灰组成

墙柱(梁)面抹灰按质量标准分普通抹灰、中级抹灰和高级抹灰 3 个等级。一般多采用普通抹灰和中级抹灰。抹灰的总厚度通常为:内墙 15～20mm,外墙 20～25mm。抹灰一般由三层组成(图 3-5),各层的作用和厚度如下:

1) 底层

又称"刮糙"。主要起与基层粘结和初步找平的作用,底层砂浆可采用石灰砂浆、水泥石灰混合砂浆和水泥砂浆。抹灰厚度一般为 10～15mm。

2) 中层

又叫"二道糙"。起进一步找平作用,所用砂浆一般与底层灰相同,厚度为 5～12mm。

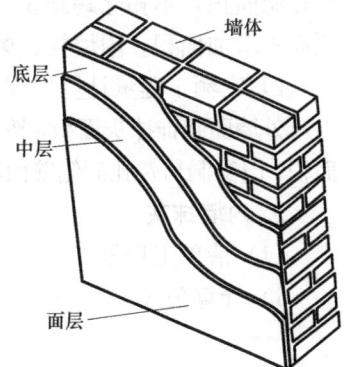

图 3-5 墙面抹灰的组成

3) 面层

主要是使表面光洁美观,以达到装饰效果,室内墙面抹灰,一般还要做罩面。面层厚度因做法而异,一般在 2～8mm。

3. 外墙裙抹灰

（1）清单工程量

1）计算公式

工程量＝外墙裙长度×外墙裙高－门窗洞口面积－大于 0.3m² 孔洞面积
　　　　＋附墙柱侧面积（m²）

2）清单工程量计算规则

外墙一般抹灰工程量按设计图示尺寸以面积计算。外墙抹灰面积按外墙垂直投影面积计算。扣除墙裙、门窗洞口及单个＞0.3m² 的孔洞面积，不扣除踢脚线、挂镜线和墙与构件交接处的面积，门窗洞口和孔洞的侧壁及顶面不增加面积。附墙柱、梁、垛、烟囱侧壁并入相应的墙面面积内。

（2）定额工程量

1）计算公式

工程量＝外墙裙长度×外墙裙高－门窗洞口面积－大于 0.3m² 孔洞面积（m²）

2）定额工程量计算规则

外墙裙抹灰面积按其长度乘高度计算，扣除门窗洞口和大于 0.3m² 孔洞所占的面积，门窗洞口及孔洞的侧壁不增加。

4. 外墙面装饰抹灰

（1）清单工程量

计算公式

工程量＝外墙外边线×檐高－门窗洞口面积－大于 0.3m² 孔洞面积＋附墙柱侧面积（m²）

（2）工程量计算规则

1）清单工程量计算规则

外墙面装饰抹灰面积按外墙垂直投影面积计算。扣除墙裙、门窗洞口及单个＞0.3m² 的孔洞面积，不扣除踢脚线、挂镜线和墙与构件交接处的面积，门窗洞口和孔洞的侧壁及顶面不增加面积。附墙柱、梁、垛、烟囱侧壁并入相应的墙面面积内。

2）定额工程量计算规则

外墙面装饰抹灰面积，按垂直投影面积计算，扣除门窗洞口和 0.3m² 以上的孔洞所占的面积，门窗洞口及孔洞侧壁面积亦不增加。附墙柱侧面抹灰面积并入外墙抹灰面积工程量内。

5. 内墙抹灰

（1）清单工程量

1）计算公式

$$S = A \times B \pm K (\text{m}^2)$$

式中 S——内墙抹灰工程量，m²；

　　A——内墙间图示净长尺寸之和，m；

　　B——室内抹灰高度，m；

　　K——应扣除（并入）面积：内墙抹灰应扣除门、窗洞口和 0.3m² 以上孔洞所占面积；墙垛、附墙烟囱侧壁面积应并入内墙抹灰工程量内，m²。

2）清单工程量计算规则

内墙抹灰面积按主墙间的净长墙垂直投影面积计算，扣除墙裙、门窗洞口及单个

$0.3m^2$ 以外的孔洞面积，不扣除踢脚线、挂镜线和墙与构件交接处的面积，门窗洞口和孔洞的侧壁及顶面不增加面积。附墙柱、梁、垛、烟囱侧壁并入相应的墙面面积内。

① 无墙裙的，抹灰高度按室内楼地面至天棚底面（踢脚线高度不扣）计算，如图 3-6（a）所示。

② 有墙裙的，抹灰高度按墙裙顶至天棚底面之间净高度计算，如图 3-6（b）所示。

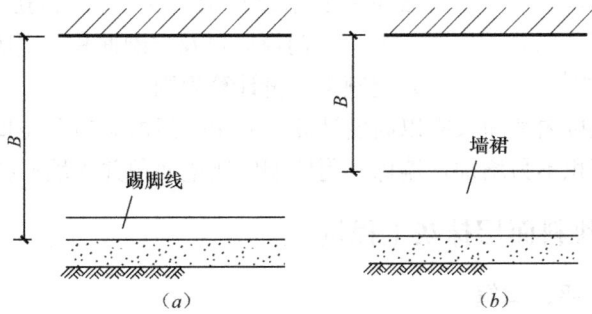

图 3-6　内墙抹灰高度
(a) 无墙裙；(b) 有墙裙

（2）定额工程量

1）计算公式

工程量 = 内墙抹灰长度×抹灰高度 − 门窗洞口及空圈面积(m²)

2）定额工程量计算规则

内墙抹灰面积，应扣除门窗洞口和空圈所占的面积，不扣除踢脚板、挂镜线，$0.3m^2$ 以内的孔洞和墙与构件交接处的面积，洞口侧壁和顶面亦不增加。墙垛和附墙烟囱侧壁面积与内墙抹灰工程量合并计算。

内墙面抹灰的长度，以主墙间的图示净长尺寸计算。其高度确定如下：

① 无墙裙的，其高度按室内地面或楼面至天棚底面之间距离计算。

② 有墙裙的，其高度按墙裙顶至天棚底面之间距离计算。

③ 钉板条天棚的内墙面抹灰，其高度按室内地面或楼面至天棚底面另加 100mm 计算。

6. 内墙裙抹灰

（1）清单工程量

1）计算公式

$$S = A \times B \pm K(m^2)$$

式中　S——内墙裙抹灰工程量，m²；

　　　A——内墙间图示净长尺寸之和，m；

　　　B——室内墙裙抹灰高度，m；

　　　K——应扣除（并入）面积：内墙裙抹灰应扣除门、窗洞口和 $0.3m^2$ 以上孔洞占所面积；墙垛、附墙烟囱侧壁面积应并入内墙抹灰工程量内，m²。

2）清单工程量计算规则

内墙裙抹灰面积按内墙净长乘以高度计算（图 3-7），扣除墙裙、门窗洞口及单个

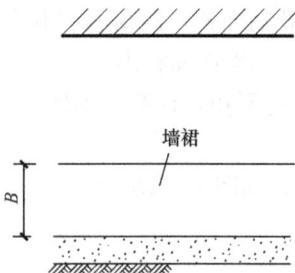

图 3-7 内墙裙抹灰高度

$0.3m^2$ 以外的孔洞面积，不扣除踢脚线、挂镜线和墙与构件交接处的面积，门窗洞口和孔洞的侧壁及顶面不增加面积。附墙柱、梁、垛、烟囱侧壁并入相应的墙面面积内。

（2）定额工程量

1）计算公式

工程量＝内墙裙抹灰长度×抹灰高度

－门窗洞口及空圈面积＋附墙柱侧面积(m^2)

2）定额工程量计算规则

内墙裙抹灰面积按内墙净长乘以高度计算。应扣除门窗洞口和空圈所占的面积，门窗洞口和空圈的侧壁面积不另增加，墙垛、附墙烟囱侧壁面积并入墙裙抹灰面积内计算。

3.1.2 墙柱面、块料面层抹灰工程量

1. 柱面抹灰、找平、勾缝

（1）计算公式

$$柱抹灰工程量 = (a+b) \times 2 \times h (m^2)$$

式中 a、b——分别表示柱结构尺寸，m；

h——柱高，m。

（2）工程量计算规则

柱面一般抹灰、柱面装饰抹灰、柱面砂浆找平、柱面勾缝工程量按设计图示柱断面周长乘以高度以面积计算。

"结构断面尺寸"是指建筑施工图纸所标注的图示尺寸，如图 3-8 所示。

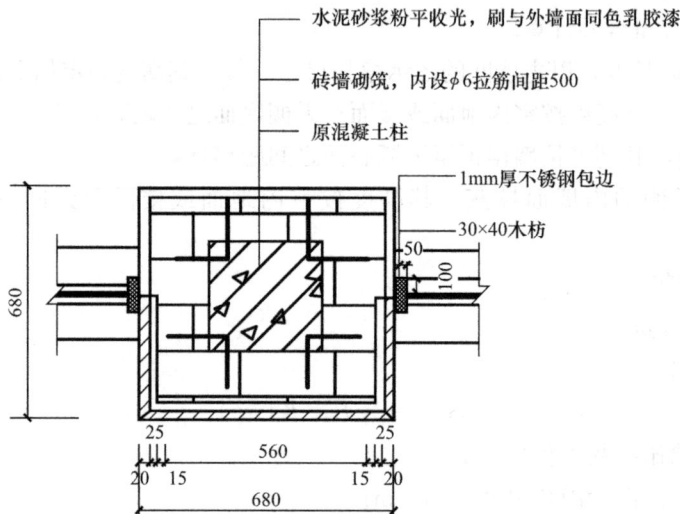

图 3-8 砖结构加大柱子示意图

2. 梁面抹灰、找平

（1）计算公式

$$工程量 = 梁结构断面周长 \times 梁长 (m^2)$$

（2）工程量计算规则

梁面一般抹灰、梁面装饰抹灰、梁面砂浆找平工程量按设计图示梁断面周长乘以长度以面积计算。

3. 零星抹灰、找平

（1）计算公式

$$工程量 = \Sigma 各零星部位抹灰（找平）面积（m^2）$$

（2）工程量计算规则

零星项目一般抹灰、零星项目装饰抹灰、零星项目砂浆找平工程量按设计图示尺寸以面积计算。

墙、柱（梁）面≤0.5m² 的少量分散的抹灰工程量按零星抹灰项目计算。

4. 墙面块料面层

（1）石材墙面、碎拼石材墙面、块料墙面

1）清单工程量

① 计算公式

$$工程量 = 镶贴长度 \times 镶贴宽度（m^2）$$

② 工程量计算规则

石材墙面、碎拼石材墙面、块料墙面工程量按镶贴表面积计算。

2）定额工程量

① 计算公式

外墙块料面层工程量 ＝外墙外边线×檐高－门窗洞口面积－0.3m² 以上的孔洞面积
＋附墙柱侧实贴面积＋门窗洞口侧面积

外墙裙块料面层工程量 ＝外墙外边线×墙裙高－门窗洞口面积
－0.3m² 以上的孔洞面积＋附墙柱侧实贴面积＋门窗洞口侧面积

内墙块料面层工程量 ＝内墙净长线×室内净高－门窗洞口面积
－0.3m² 以上的孔洞面积＋附墙柱侧实贴面积＋门窗洞口侧面积

内墙裙块料面层工程量 ＝内墙净长线×墙裙高－门窗洞口面积
－0.3m² 以上的孔洞面积＋附墙柱侧实贴面积＋门窗洞口侧面积

② 工程量计算规则

墙面贴块料面层，按实贴面积计算。

a. "实贴面积"是指按图示尺寸，扣除门窗洞口和 0.3m² 以上的孔洞所占的面积，增加门窗洞口及孔洞侧壁面积。

b. 墙面贴块料、饰面高度在 300mm 以内者，按楼地面工程中踢脚板定额执行。

（2）墙、柱面块料面层项目

墙柱面镶贴块料面层包括如下块料项目。

1）大理石：包括挂贴大理石、拼碎大理石、粘贴大理石、干挂大理石。

2）花岗石：包括挂贴花岗石、干挂花岗石、拼碎花岗石、粘贴花岗石（零星项目）。

3）汉白玉：包括挂贴汉白玉、零星项目粘贴汉白玉。

4）预制水磨石：包括挂贴预制水磨石、零星项目粘贴预制水磨石。

5）凹凸假麻石。

6）陶瓷锦砖。

7）玻璃马赛克。

8）瓷板。

9）釉面砖。

10）劈离砖。

11）金属面砖。

（3）干挂石材钢骨架

1）计算公式

$$m = \rho V (t)$$

式中　m——钢骨架质量，t；

ρ——钢骨架密度，m^3/t；

V——钢骨架体积，m^3

2）工程量计算规则

干挂石材钢骨架工程量按设计图示以质量计算。

5. 柱（梁）面镶贴块料

（1）计算公式

工程量＝柱（梁）镶贴表面积（m^2）

（2）工程量计算规则及说明

石材柱面、块料柱面、拼碎块柱面、石材梁面、块料梁面工程量按按镶贴表面积计算。

1）镶贴块料包括砂浆粘贴和干粉型胶粘剂粘贴两种。砂浆粘贴常是先用砂浆对墙柱面找平，再用砂浆在找平层上粘贴块料；干粉型胶粘剂粘贴的做法是先用砂浆对墙柱面进行找平，再用干粉型胶粘剂在找平层上粘贴块料。

2）挂贴块料是指挂贴大理石、花岗石等。通常是先在墙柱面基层上设置预埋件，并焊上钢筋网，再在钢筋网上用不锈钢挂件将大理石或花岗石板固定在钢筋网上，然后在板材与墙柱面之间的缝隙灌注水泥砂浆。

3）干挂块料是指挂贴大理石、花岗石。根据干挂方式的不同，可分为无龙骨干挂和有龙骨干挂两种。无龙骨干挂是直接在墙柱面上用不锈钢连接件挂花岗石；有龙骨干挂是指在墙柱面上先做龙骨，再在龙骨上挂花岗石。两种干挂方式的最大区别是前者是用L形不锈钢挂件直接挂花岗石板，后者是用不锈钢连接件将花岗石挂在预先做好的型钢龙骨上。

6. 镶贴零星块料

（1）计算公式

工程量＝零星块料镶贴表面积（m^2）

（2）工程量计算规则

石材零星项目、块料零星项目、拼碎块零星项目工程量按按镶贴表面积计算。

墙柱面≤$0.5m^2$ 的少量分散的镶贴块料面层工程量按零星项目计算。

3.1.3　墙、柱（梁）饰面工程量

1. 常用的墙柱面饰面材料

饰面材料的类别：

（1）石材饰面材料，如花岗石、大理石、汉白玉、合成石面板、预制水磨石等。

（2）装饰砂浆，如石膏砂浆、石灰砂浆、白水泥砂浆、彩色水泥砂浆等。

（3）装饰混凝土，如清水装饰混凝土、露骨料装饰混凝土等。

（4）陶瓷及玻璃制品，如铺地砖、马赛克、釉面砖、贴面砖等。

（5）塑料制品，如塑料壁纸、塑料面板、墙布等。

（6）装饰涂料，如油性调和涂料、油性着色涂料、蜡克、磁漆等。

（7）喷涂材料，如硅酸盐水泥类、有机合成树脂类等。

2. 墙面装饰板

（1）计算公式

工程量 = 墙净长×墙净高－门窗洞口面积－大于0.3m² 的孔洞面积（m²）

（2）工程量计算规则

墙面装饰板工程量按设计图示墙净长乘以净高以面积计算。扣除门窗洞口及单个0.3m² 以上的孔洞所占面积。

3. 墙面装饰浮雕

（1）计算公式

$$工程量 = 图示面积（m²）$$

（2）工程量计算规则

墙面装饰浮雕工程量按设计图示尺寸以面积计算。

4. 柱面装饰

（1）清单工程量

1）计算公式

$$工程量 = 饰面外围长×外围高＋柱帽、柱墩面积（m²）$$

2）工程量计算规则

柱面装饰工程量按设计图示饰面外围尺寸以面积计算。柱帽、柱墩并入相应柱饰面工程量内。

（2）定额工程量

1）计算公式

$$柱装饰饰面工程量 = (a+b)×2×h（m²）$$

式中 a、b——分别表示柱饰面成活尺寸，m；

h——柱高，m。

2）工程量计算规则

柱饰面面积按外围饰面尺寸乘以高度计算。

①"柱饰面外围饰面尺寸"是指装饰装修施工图纸所标注的尺寸，即装饰饰面成活尺寸。如图3-9所示。

②除零星项目的柱墩、柱帽项目外，其他项目的柱墩、柱帽工程量按设计图示尺寸以展开面积计算，并入相应柱面积内。"零

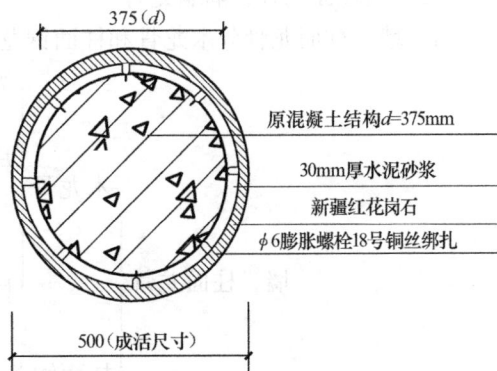

图3-9 柱外围饰面大样图

星项目的柱墩、柱帽项目"是指挂贴大理石、花岗石项目中的零星项目，是按米计算的。

③ 按实贴面积计算。

5. 梁面装饰

（1）计算公式

$$工程量＝梁断面周长×梁长度（m^2）$$

（2）工程量计算规则

梁面装饰工程量按设计图示饰面外围尺寸以面积计算。

6. 成品装饰柱

（1）计算公式

$$工程量＝图示数量（根）$$

或

$$工程量＝图示长度（m）$$

（2）工程量计算规则

1）按设计数量计算，以根计量。

2）按设计长度计算，以米计量。

3.1.4 幕墙工程量

1. 幕墙的分类与龙骨构造

（1）幕墙的分类

幕墙是以板材形式悬挂于主体结构上的外墙，因其像悬挂的幕，故名幕墙。幕墙具有许多优点，重量轻、工期短、施工简便、维修方便及较强的建筑艺术效果，其缺点是价格较高，施工技术和材料要求高，幕墙的反射光线影响周围环境。

幕墙依据有无框架，可分为有框架幕墙和无框架全玻璃幕墙；按使用材料的不同，可分为石材幕墙、铝板幕墙、钢板幕墙和玻璃幕墙；幕墙依据用途的不同，可分为外幕墙和内幕墙。外幕墙用作外墙立面，主要起围护作用，内幕墙用于室内，可起到分隔和围护作用。依据饰面所用材料不同，幕墙又可分为玻璃幕墙、石材幕墙、不锈钢幕墙及铝板幕墙。

根据结构构造组成不同，可将幕墙划分为型钢框架结构体系、铝合金明框结构体系、铝合金隐框结构体系和无框架结构体系。

（2）墙柱面龙骨、隔墙龙骨

1）墙、柱面龙骨分木龙骨和柱面钢龙骨，即：

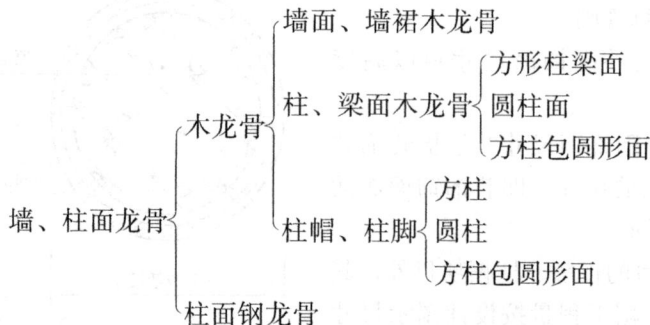

墙、柱面龙骨
- 木龙骨
  - 墙面、墙裙木龙骨
  - 柱、梁面木龙骨
    - 方形柱梁面
    - 圆柱面
    - 方柱包圆形面
  - 柱帽、柱脚
    - 方柱
    - 圆柱
    - 方柱包圆形面
- 柱面钢龙骨

墙面木龙骨的构造如图 3-10 所示。常用的墙面、墙裙木龙骨断面是 24mm×30mm，间距 300mm×300mm。

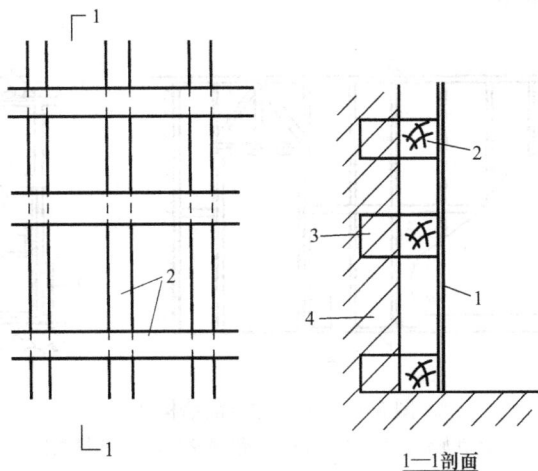

图 3-10　墙面木龙骨构造

1—面层；2—木龙骨；3—木砖；4—墙体

方形柱、梁面、圆柱面、方柱包圆形面木龙骨断面，分别按 24mm×30mm、40mm×45mm、40mm×50mm 考虑。图 3-11～图 3-13 分别是它们的龙骨构造简图。

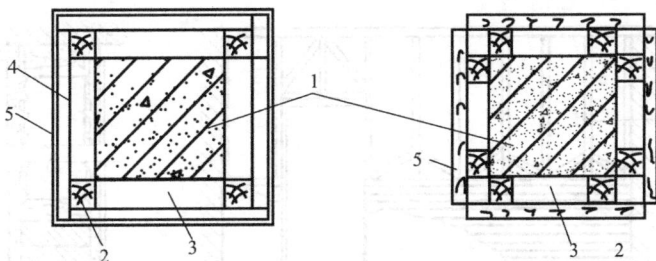

图 3-11　方形柱龙骨构造

1—结构柱；2—竖向木龙骨；3—横向木龙骨；4—衬板；5—面板

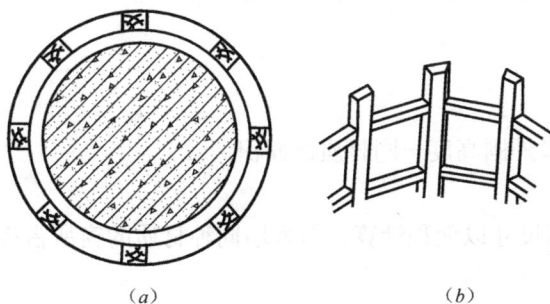

图 3-12　圆柱面龙骨构造

（a）柱断面；（b）龙骨

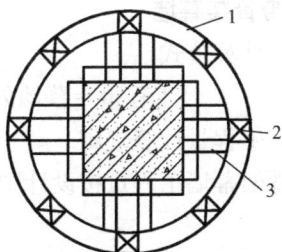

图 3-13　方柱包圆形面龙骨构造

1—横向龙骨；2—竖向龙骨；3—支撑杆

2）隔墙龙骨，定额分为轻钢龙骨、铝合金龙骨、型钢龙骨和木龙骨四种。

轻钢龙骨、铝合金龙骨及型钢龙骨统称金属龙骨，金属龙骨一般由沿顶龙骨、沿地龙骨、竖向龙骨、横撑龙骨及加强龙骨等组成，断面一般为槽形，如图 3-14 所示。常取墙体轻钢龙骨规格为竖龙骨75mm×50mm×0.63mm，间距600mm，横龙骨75mm×40mm×0.63mm，间距1500mm。

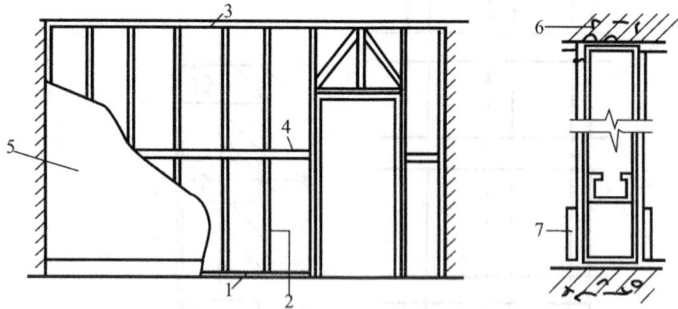

图 3-14　金属龙骨隔墙构造

1—沿地龙骨；2—竖龙骨；3—沿顶龙骨；4—横撑龙骨；

5—纸面石膏板面层；6—预埋木砖；7—踢脚板

隔墙木龙骨由上槛、下槛、墙筋（立柱）、斜撑（或横档）构成（图3-15），木料断面视房间高度及所配面层板材规格而定。常用木龙骨断面为40mm×50mm和50mm×70mm，龙骨纵横向间距为300~600mm。

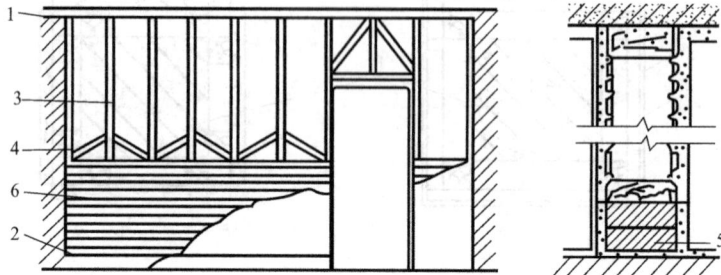

图 3-15　木龙骨隔墙构造

1—上槛；2—下槛；3—立柱；4—横档；5—砌砖；6—面板

2. 带骨架幕墙

（1）计算公式

工程量＝幕墙外围长度×外围高度＋同材质窗面积（m²）

（2）工程量计算规则

带骨架幕墙工程量按设计图示框外围尺寸以面积计算。与幕墙同种材质的窗所占面积不扣除。

3. 全玻幕墙

（1）计算公式

工程量＝幕墙外围长度×外围高度（m²）

（2）工程量计算规则

玻璃幕墙以框外围面积计算；全玻幕墙如有加强肋者，工程量按其展开面积计算。

（3）玻璃幕墙的结构与形式

玻璃幕墙的结构构造主要分为单元式（工厂组装式）、元件式（现场组装式）和结构玻璃幕墙（又称玻璃墙，一般用于建筑物的1、2层，它是不用金属框架的纯大块玻璃墙，高度可达12m）等三种形式。目前大部分玻璃幕墙是采用由骨架支撑玻璃、固定玻璃，然后通过连接件与建筑物主体结构相连的结构形式。定额所列铝合金玻璃幕墙的构造属于元件式结构体系，如图3-16所示。具体构造又分两种类型，即明框玻璃幕墙和隐框玻璃幕墙。

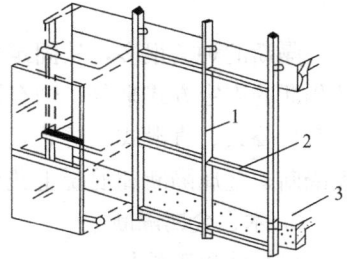

图3-16　元件式玻璃幕墙构造示意图
1—竖向杆件（立柱、竖筋、主龙骨）；
2—横向杆件（横档、横筋、次龙骨）；
3—主体结构（楼板）

1）铝合金明框玻璃幕墙

铝合金明框玻璃幕墙通常称为铝合金型材骨架体系，其基本构造是将铝合金型材作为玻璃幕墙的骨架，将玻璃镶嵌在骨架的凹槽内，再用连接板将幕墙立柱与主体结构（楼板或梁）固定，如图3-17所示。

2）铝合金隐框玻璃幕墙

铝合金隐框玻璃幕墙，一般称不露骨架结构体系，其基本构造是将玻璃直接与骨架连接，外面不露骨架，也不见窗框，即骨架、窗框隐蔽在玻璃内侧，此种幕墙也称全隐幕墙。图3-18是隐框玻璃幕墙构造简图。

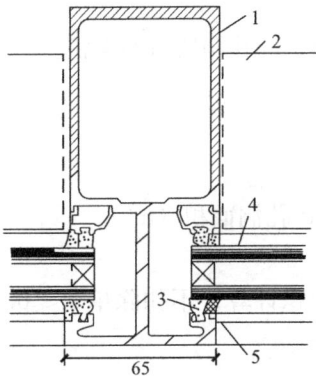

图3-17　明框铝合金玻璃幕墙构造
1—幕墙竖向件；2—固定连接件；
3—橡胶压条；4—玻璃；5—密封胶

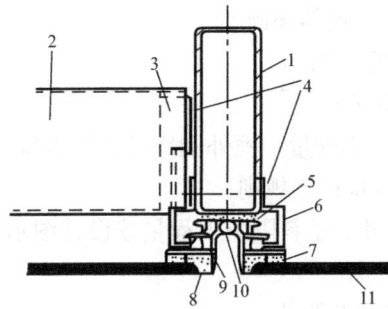

图3-18　铝合金隐框玻璃幕墙构造
1—立柱；2—横向杆件；3—连接件；4—Φ6螺栓加垫圈；
5—聚乙烯泡沫压条；6—固定玻璃连接件；7—聚乙烯泡沫；
8—高强胶粘剂；9—防水条；10—铝合金封框；11—热反射玻璃

3.1.5　隔断工程量

1. 隔断的基本类型

隔断是用以分割房屋或建筑物内部大空间的，作用是使空间大小更加合适，并保持通风采光效果，一般要求隔断自重轻、厚度薄、拆移方便，并具有一定的刚度和隔声能力。隔断与隔墙均是具有一定功能和装饰作用的建筑配件，均为非承重构件，设置隔墙和隔断是装饰设计中经常运用的对环境空间重新分割和组合、引导与过渡的重要手段。隔断与隔墙的区别是它限定空间的程度较弱，在隔声、遮挡视线等方面并无要求，甚至还有一定的通透性能。而隔墙一般都是到顶的，既在较大程度上满足空间的要求，又能在一定程度上满足隔声、遮挡视线等的要求。另外一点，隔断在分隔空间上比较灵活，而且便于移动和拆装。

隔断的种类很多，从固定程度上来分，有空透式隔断和隔墙式隔断（含玻璃隔断）。从隔断的固定方式来分，则有固定式隔断和移动式隔断。从隔断启闭方式考虑，移动式隔断有折叠式、直滑式、拼装式以及双面硬质折叠式等。按材料种类可以分为竹木隔断、玻璃隔断、金属隔断和混凝土花格隔断等。

2. 木、金属隔断

（1）清单工程量

1）计算公式

工程量＝框外围净长×框外围净高－大于 $0.3m^2$ 孔洞面积＋同材质门窗面积
　　　　－不同材质门窗面积（m^2）

2）工程量计算规则

木隔断、金属隔断工程量按设计图示框外围尺寸以面积计算。不扣除单个≤$0.3m^2$ 的孔洞所占面积；浴厕门的材质与隔断相同时，门的面积并入隔断面积内。

（2）定额工程量

1）计算公式

工程量 ＝ 净长×净高－门窗洞口面积－大于 $0.3m^2$ 孔洞面积（m^2）

2）工程量计算规则

隔断按墙的净长乘净高计算，扣除门窗洞口及 $0.3m^2$ 以上的孔洞所占的面积。

3. 玻璃、塑料隔断

（1）清单工程量

1）计算公式

工程量＝框外围净长×框外围净高－大于 $0.3m^2$ 孔洞面积（m^2）

2）工程量计算规则

玻璃隔断、塑料隔断工程量按设计图示框外围尺寸以面积计算。不扣除单个≤$0.3m^2$ 的孔洞所占面积。

（2）定额工程量

1）计算公式

工程量＝净长×净高－门窗洞口面积－大于 $0.3m^2$ 孔洞面积（m^2）

2）工程量计算规则

隔断按墙的净长乘净高计算，扣除门窗洞口及 $0.3m^2$ 以上的孔洞所占的面积。全玻隔断的不锈钢边框工程量按展开面积计算。全玻隔断如有加强肋者，工程量按展开面积计算。

① 隔断按墙的净长乘净高计算，小于或等于 $0.3m^2$ 的孔洞所占的面积不予扣除。

② 隔断上的门窗另外列项计算工程量，厕所木隔断除外。

③ 全玻隔断边框按展开面积另外列项计算工程量。

（3）常见的隔断形式

隔断与隔墙系指房屋内部的非承重隔离构件，隔墙一般是指到楼板底的隔离墙体，隔断是指不到顶的隔离构件。

1）半玻璃隔断

半玻璃隔断是指上部为玻璃隔断，下部为其他墙体组成的隔断。半玻璃隔断如图 3-19 所示。图中木楞可用金属骨架代替，其下部做法按设计要求，主要有砖墙面抹灰、板条墙抹灰和罩面板（如胶合板、纤维板、切片板、木拼板和铝合金板等）。

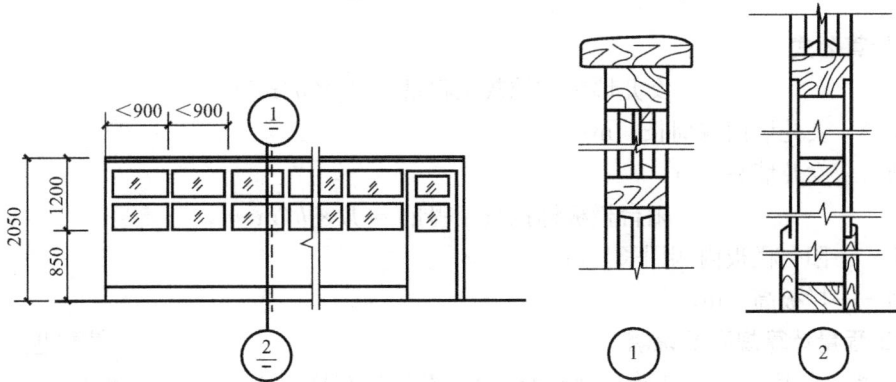

图 3-19　半玻璃隔断构造

2）全玻璃隔断

图 3-20 所示为不锈钢框架玻璃隔断，其中不锈钢框架可采用铝合金框架或硬木框架，框架内镶嵌玻璃。玻璃四周可用压条固定，并采用密封胶封闭。

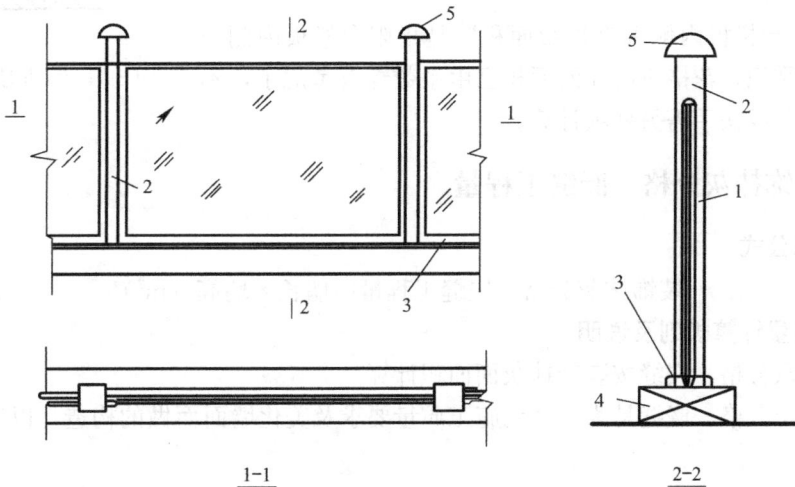

图 3-20　不锈钢框架玻璃隔断构造示意图

1—钢化玻璃；2—不锈钢管；3—不锈钢条饰面；4—基座；5—不锈钢柱顶

3）玻璃砖隔断

玻璃砖隔断由外框和玻璃砖砌体组成，外框可用钢框、铝合金框、木框等，玻璃砖砌筑用砂浆按白水泥：细砂＝1：1 或白水泥：108 胶＝100：7 的比例（重量比）调制。玻璃砖的常见规格有（单位：mm）：190×190×80（或 95）、240×240×80、240×115×80、145×145×80（或 95）等几种。

4）花式隔断、网眼木格隔断（木葡萄架）

花式隔断、网眼木格隔断（木葡萄架）俗称花格隔断，所用的花格材料有木制、竹制花格，水泥制品花格，金属花格等，花格可拼装成各种图案，故多为空透式隔断。

5）浴厕木隔断。

3.1.6 女儿墙、阳台栏板内侧装饰抹灰工程量

1. 计算公式

$$女儿墙装饰抹灰工程量 = L \times h(m^2)$$

式中　L——女儿墙内墙周长，m；

　　　h——女儿墙高，m。

$$阳台栏板饰抹灰工程量 = L \times h(m^2)$$

式中　L——阳台栏板内侧周长，m；

　　　h——栏板高，m。

2. 工程量计算规则及说明

女儿墙（包括泛水、挑砖）、阳台栏板（不扣除花格所占孔洞面积）内侧抹灰按垂直投影面积乘以系数 1.30 按墙面定额执行。

（1）"女儿墙内侧垂直投影面积"是指女儿墙内墙长和墙高的乘积，泛水、挑砖部分不展开，压顶部分需另列项计算，如图 3-21 所示。

（2）"阳台栏板内侧垂直投影面积"是指阳台栏板内侧与栏板高度的乘积，花格所占孔洞面积已由系数综合考虑了，不予扣除，压顶或扶手需另列项计算。

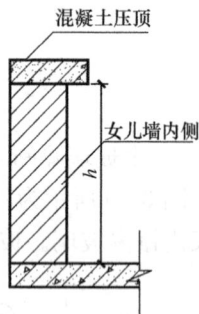

图 3-21　女儿墙内侧示意图

3.1.7 装饰抹灰分格、嵌缝工程量

1. 计算公式

$$装饰抹灰分格、嵌缝工程量 = 墙长 \times 墙高（m^2）$$

2. 工程量计算规则及说明

装饰抹灰分格、嵌缝按装饰抹灰面面积计算。

装饰抹灰分格、嵌缝是为了达到施工质量要求及美化墙面而做的构造，以装饰抹灰面积进行计算。

3.2　墙、柱面装饰与隔断、幕墙工程工程量手算实例解析

【例 3-1】　如图 3-22 所示为某外墙面水刷石立面图，柱垛侧面宽 140mm，试计算外墙面水刷石装饰抹灰的工程量。

【解】

$$S = 4.6 \times (3.5 + 3.85) - 3.5 \times 1.8 - 1.5 \times 2 + (0.8 + 0.14 \times 2) \times 4.6$$
$$= 29.48m^2$$

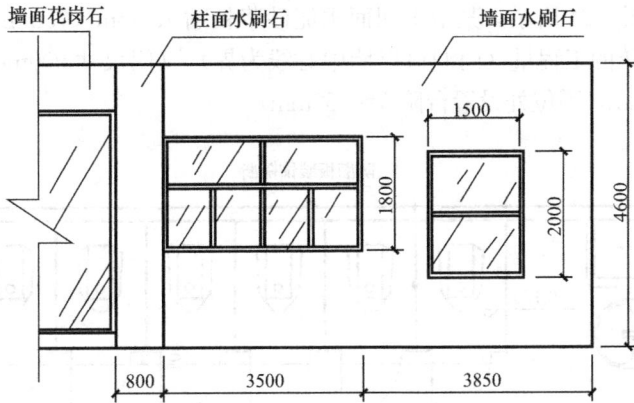

图 3-22 外墙面水刷石立面图

【例 3-2】 某房屋如图 3-23 所示，外墙为混凝土墙面，设计为 1：3 水泥砂浆粘贴 12mm 厚水刷白石子，1：1.5 水泥白石子浆 10mm 厚，请计算外墙水刷白石子工程量。

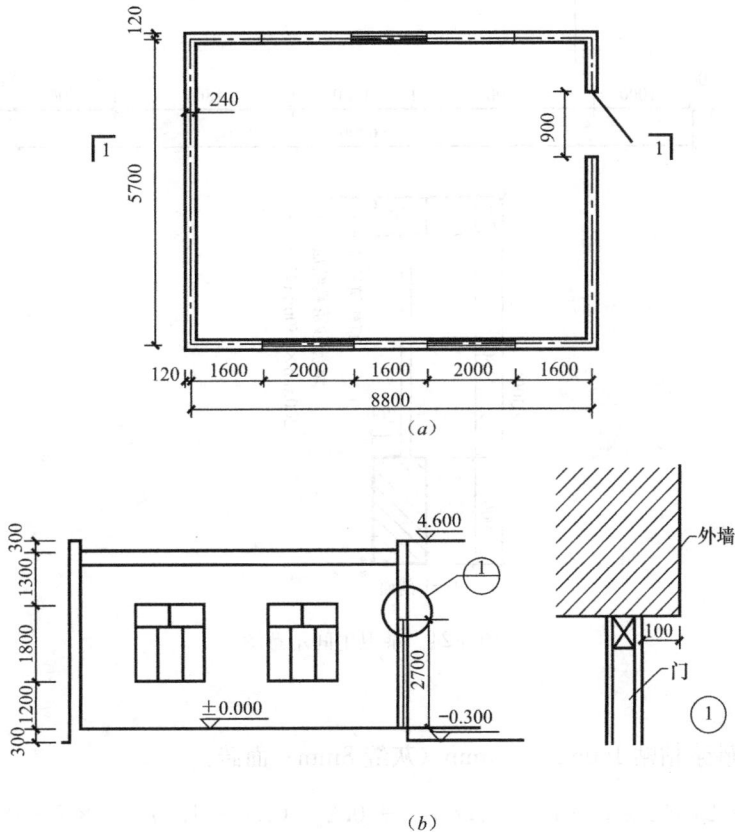

图 3-23 某房屋示意图

(a) 房屋平面图；(b) 1-1 剖面图；(c) 节点详图

【解】

$S = (8.8 + 0.12 \times 2 + 5.7 + 0.12 \times 2) \times 2 \times (4.6 + 0.3) - 1.8 \times 2.0 \times 3 - 0.9 \times 2.7$

$= 133.57 m^2$

【例 3-3】 如图 3-24 所示，某卫生间面水泥砂浆粘贴 150mm×75mm 面砖，灰缝 8mm，计算该墙面粘贴面砖的工程量（门洞口以墙中心线为界）。（门尺寸 900mm×2000mm，窗尺寸 1800mm×1800mm，蹲位处设置台阶 $h=150$mm）

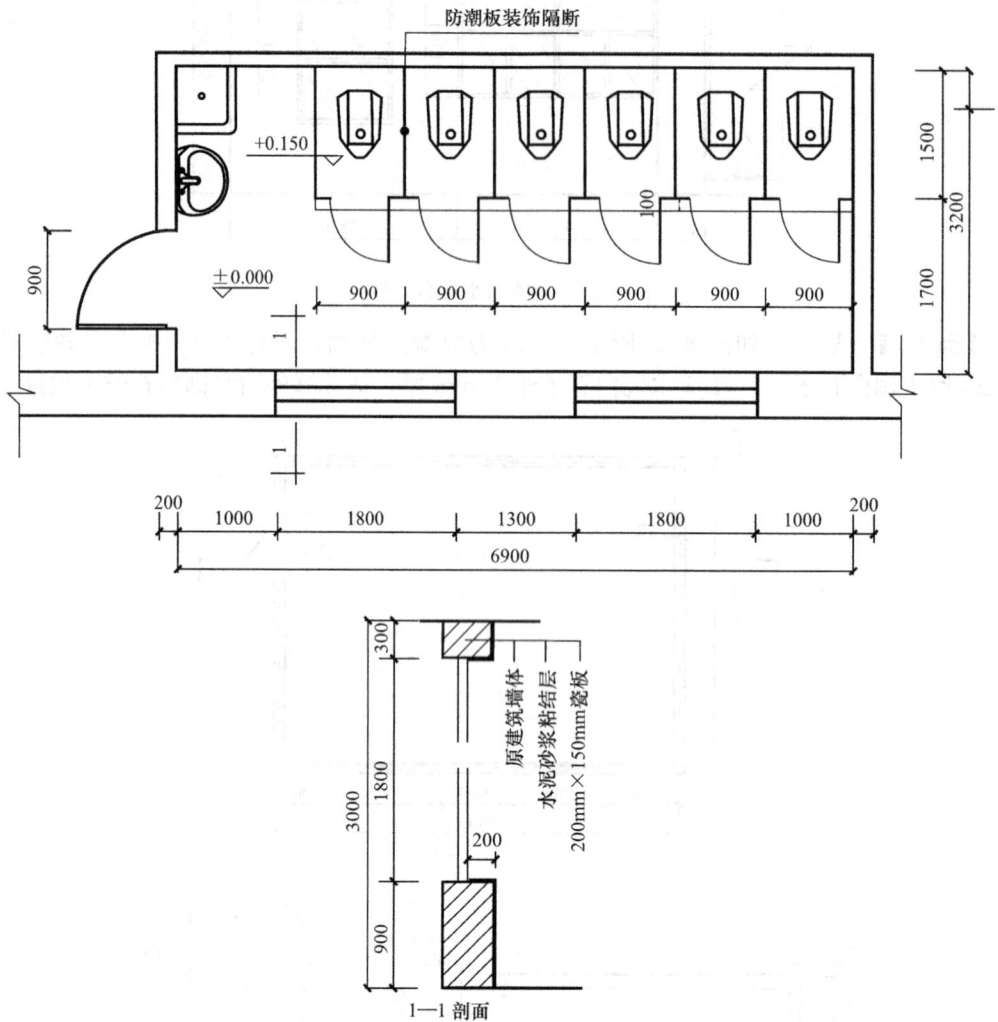

图 3-24 某卫生间示意图

【解】

墙面水泥砂浆粘贴 150mm×75mm（灰缝 8mm）面砖：

$$S = (6.9+3.2) \times 2 \times 3 - 1.8 \times 1.8 \times 2 + 0.2 \times (1.8+1.8) \times 2 \times 2 - 0.9 \times 2 + 0.1$$
$$\times (2 \times 2 + 0.9) - 0.9 \times 6 \times 0.15 - (1.5+0.1) \times 0.15$$
$$= 54.13\text{m}^2$$

【例 3-4】 某变电室，外墙面尺寸如图 3-25 所示，M：1600mm×2100mm；C1：1600mm×1600mm；C2：1300mm×900mm；门窗侧面宽度 120mm，外墙水泥砂浆粘贴规格 250mm×120mm 瓷质外墙砖，灰缝 5mm，试计算外墙面砖工程量。

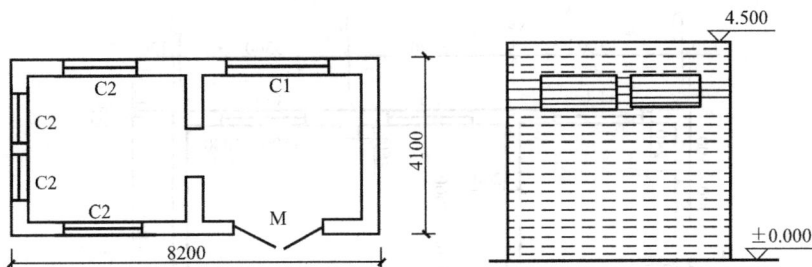

图 3-25 某变电室外墙面尺寸

【解】

$$S=(8.2+4.1)\times2\times4.5-1.6\times2.1-1.6\times1.6-1.3\times0.9\times4+[2.1\times2+1.6$$
$$\times3+(1.3\times2+0.9)\times4]\times0.12$$
$$=102.86\text{m}^2$$

【例 3-5】 某工程如图 3-26 所示，外墙面抹水泥砂浆，底层为 1∶3 水泥砂浆打底 14mm 厚，面层为 1∶2 水泥砂浆抹面 6mm 厚；外墙裙水刷石，1∶3 水泥砂浆打底 12mm 厚，素水泥浆两遍，1∶2.5 水泥白石子 10mm 厚，挑檐水刷白石，计算外墙面抹灰和外墙裙及挑檐装饰抹灰工程量。

M：1000mm×2500mm 共 2 个

C：1200mm×1500mm 共 5 个

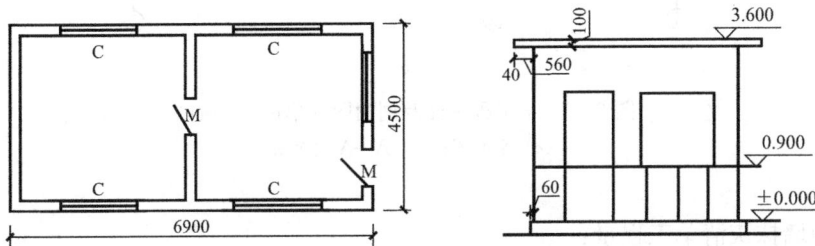

图 3-26 某工程示意图

【解】

（1）外墙面水泥砂浆工程量

$$S=(6.9+4.5)\times2\times(3.6-0.1-0.9)-1\times(2.5-0.9)-1.2\times1.5\times5$$
$$=48.68\text{m}^2$$

（2）外墙裙水泥白石子工程量

$$S=[(6.9+4.5)\times2-1]\times0.9$$
$$=19.62\text{m}^2$$

（3）挑檐水刷石工程量

$$S=[(6.9+4.5)\times2+0.06\times8]\times(0.1+0.04)$$
$$=3.259\text{m}^2$$

【例 3-6】 某工程平面及剖面图如图 3-27 所示，墙面为混凝土墙面，内墙抹水泥砂浆。已知内墙高度为 3.00m，试根据已知条件求内墙抹灰的工程量并编制综合单价分析表。

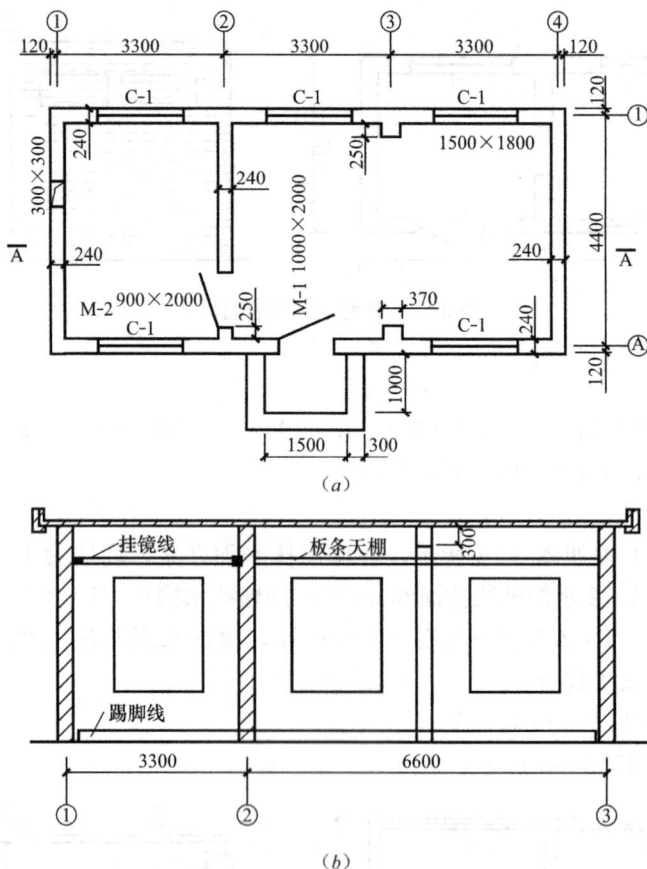

图 3-27　某工程平面及剖面图（单位：mm）

(a) 平面图；(b) A—A 剖面图

【解】

(1) 内墙抹灰清单工程量：

$$S=(6.6-0.24+4.4-0.24)\times2\times3-1.5\times1.8\times3-1\times2-0.9\times2+0.25$$
$$\times4\times3+(3.3-0.24+4.4-0.24)\times2\times3-1.5\times1.8\times2-0.9\times2$$
$$=90.34\text{m}^2$$

(2) 内墙抹灰定额工程量：90.34m²

(3) 内墙面抹 1：3 水泥砂浆单价：

人工费：$4.80\times90.34=433.63$ 元

材料费：$4.10\times90.34=370.39$ 元

机械费：$0.44\times90.34=39.75$ 元

综合：

直接费合计：843.77 元

管理费：$843.77\times34\%=286.88$ 元

利润：$843.77\times8\%=67.50$ 元

总计：$843.77+286.88+67.50=1198.15$ 元

综合单价：$1198.15\div90.34=13.26$ 元/m²

（4）分部分项工程和单价措施项目清单与计价表见表 3-1。

分部分项工程和单价措施项目清单与计价表

工程名称：某内墙抹灰工程　　　　　　　　标段：　　　　　　　　　表 3-1　　第　页 共　页

序号	项目编号	项目名称	项目特征描述	计量单位	工程数量	金额/元	
						综合单价	合价
1	011201001001	墙面一般抹灰	1. 墙体类型：混凝土墙面 2. 面层厚度、砂浆配合比：1：3水泥砂浆，6mm厚	m²	90.34	13.26	1198.15
			合计				1198.15

（5）工料机单价：人工按 35 元/工日。综合单价分析表的填制见表 3-2。

综合单价分析表

工程名称：某内墙抹灰工程　　　　　　　　标段：　　　　　　　　　表 3-2　　第　页 共　页

项目编码	011204003001	项目名称		块料墙面	计量单位	m²	工程量			90.34

清单综合单价组成明细

定额编号	定额名称	定额单位	数量	单价/元				合价/元			
				人工费	材料费	机械费	管理费和利润	人工费	材料费	机械费	管理费和利润
3-82	内墙面抹1：3水泥砂浆	m²	1	4.80	4.10	0.44	3.92	4.80	4.10	0.44	3.92
人工单价			小计					4.80	4.10	0.44	3.92
35 元/工日			未计价材料费					—			
		清单项目综合单价						13.26			

【例 3-7】　某工程如图 3-28 所示，室内墙面抹 1：2 水泥砂浆底，1：3 石灰砂浆找平层，麻刀石灰浆面层，共 20mm 厚。室内墙裙采用 1：3 水泥砂浆打底（19mm 厚），1：2.5 水泥砂浆面层（6mm 厚），计算室内墙面一般抹灰和室内墙裙工程量。

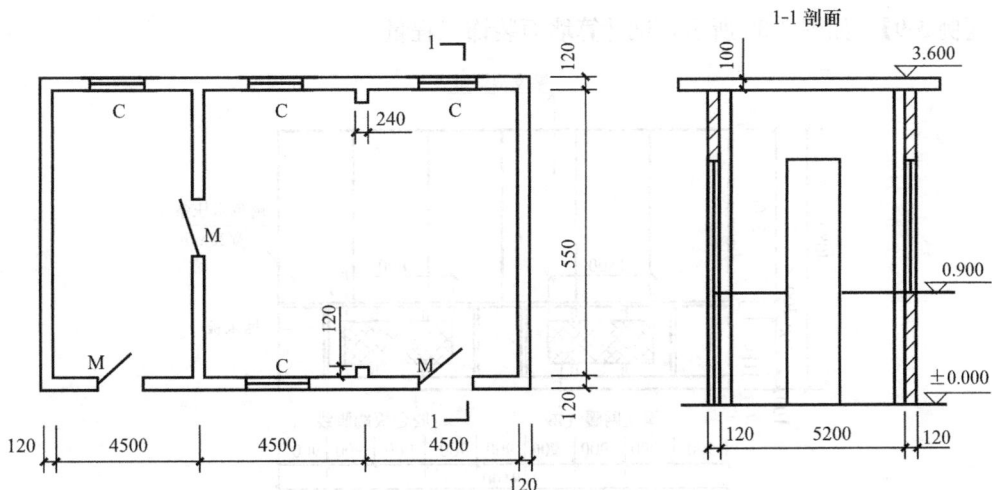

图 3-28　某工程平面及剖面

M：1000mm×2700mm 共 3 个

C：1500mm×1800mm 共 4 个

【解】

（1）墙面一般抹灰

$$S = [(4.5 \times 3 - 0.24 \times 2 + 0.12 \times 2) \times 2 + (5.5 - 0.24) \times 4] \times (3.6 - 0.1 - 0.9)$$
$$- 1 \times (2.7 - 0.9) \times 4 - 1.5 \times 1.8 \times 4$$
$$= 105.66 \text{m}^2$$

（2）墙裙抹灰工程

$$S = [(4.5 \times 3 - 0.24 \times 2 + 0.12 \times 2) \times 2 + (5.5 - 0.24) \times 4 - 1 \times 4] \times 0.9$$
$$= 39.20 \text{m}^2$$

【例 3-8】 某卫生间的一侧墙面如图 3-29 所示，墙面贴 2.3m 高的白色瓷砖，窗侧壁贴瓷砖宽 120mm，试计算贴瓷砖的工程量。

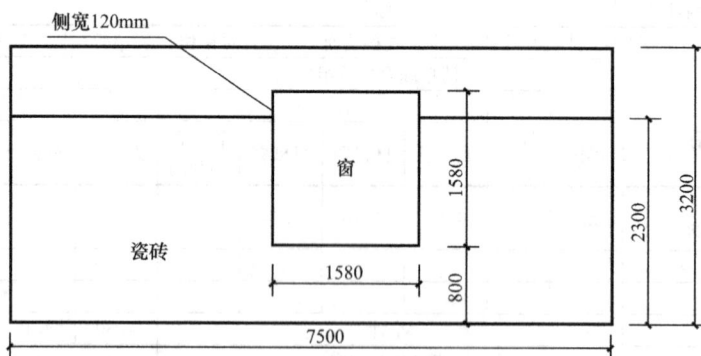

图 3-29 某卫生间墙面示意图

【解】

块料墙面工程量：

$$S = 7.5 \times 2.3 - 1.58 \times (2.3 - 0.8) + [(2.3 - 0.8) \times 2 + 1.58] \times 0.12$$
$$= 15.43 \text{m}^2$$

【例 3-9】 如图 3-30 所示，试计算墙面装饰工程量。

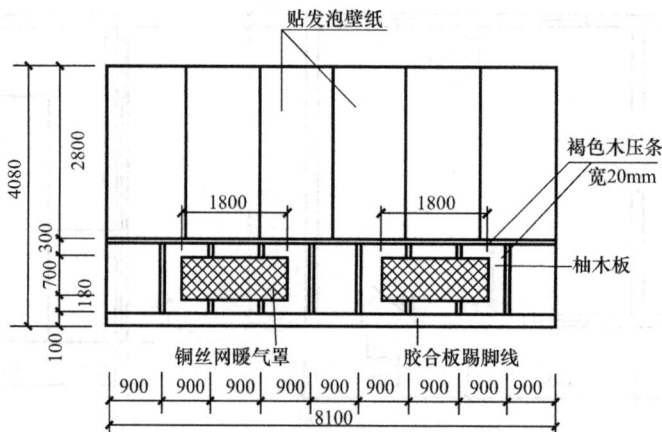

图 3-30 某墙面示意图

【解】

（1）墙面贴壁纸的工程量

$$S = 8.1 \times 2.8$$
$$= 22.68 m^2$$

（2）铜丝网暖气罩的工程量

$$S = 1.8 \times 0.7 \times 2$$
$$= 2.52 m^2$$

（3）贴柚木板墙裙的工程量

$$S = 8.1 \times (0.18 + 0.7 + 0.3) - 2.52$$
$$= 7.04 m^2$$

（4）木压条的工程量

$$L = 8.1 + (0.18 + 0.7 + 0.3) \times 4 + 0.3 \times 4 + 0.18 \times 4$$
$$= 14.74 m$$

（5）踢脚板的工程量：8.1m

【例 3-10】 如图 3-31 所示，该楼面在混合砂浆找平层上二次装修，试计算壁纸的饰面工程量，乳胶漆的饰面工程量以及清漆的饰面工程量。

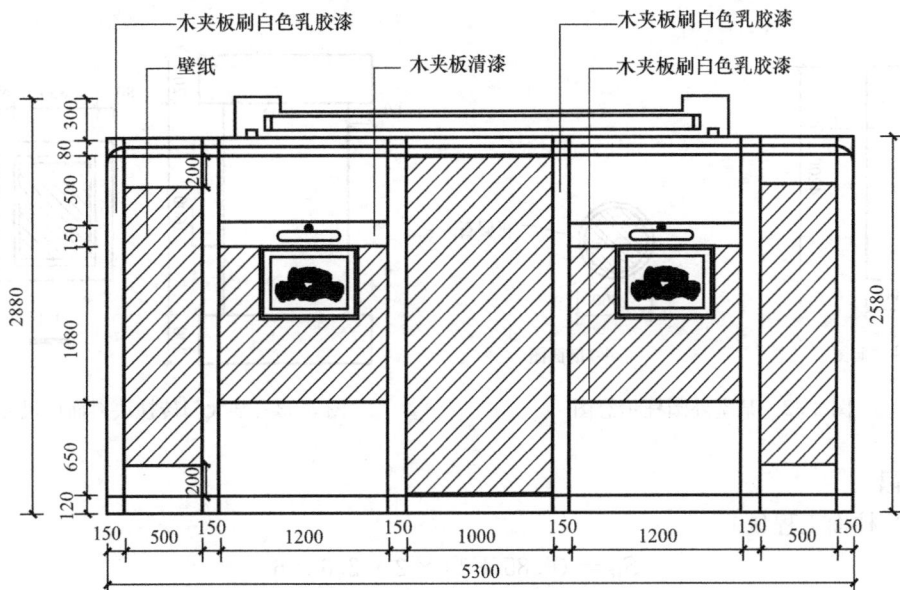

图 3-31 室内立面图

【解】

（1）壁纸饰面工程量

$$S = (2.58 - 0.12 - 0.2 \times 2 - 0.08) \times (0.5 + 0.5)$$
$$+ (2.58 - 0.12 - 0.08) \times 1.0 + 1.08 \times 1.2 \times 2$$
$$= 1.98 + 2.38 + 2.59$$
$$= 6.95 m^2$$

（2）乳胶漆饰面工程量

$$S = 2.58 \times 0.15 \times 6 + (0.65 + 0.12 + 0.5 + 0.08) \times 1.2 \times 2$$
$$+ (0.2 \times 2 + 0.12 + 0.08) \times 0.5 \times 2$$
$$= 2.32 + 3.24 + 0.6$$
$$= 6.16 m^2$$

（3）清漆饰面工程量

$$S = 1.2 \times 0.15 \times 2$$
$$= 0.36 m^2$$

【例 3-11】 某室外圆柱立面图和剖面图如图 3-32 所示，共有 4 个这样的圆柱体，已知直径为 1.3m，高度为 4.2m。如果在石柱面进行抹灰试计算其工程量。

【解】

柱面装饰抹灰工程量

$$S = 3.14 \times 1.3 \times 4.2 \times 4$$
$$= 68.58 m^2$$

【例 3-12】 如图 3-33 所示为某单位大门砖柱示意图，共有大门砖柱 6 根，面层水泥砂浆贴玻璃马赛克，试计算其工程量。

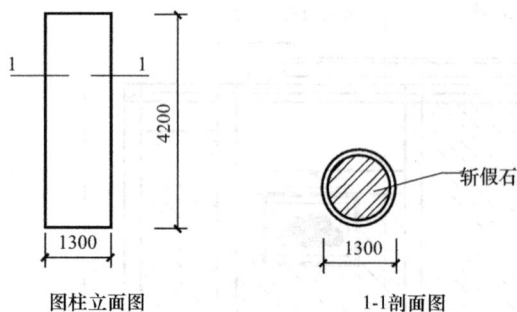

图 3-32 某室外圆柱示意图

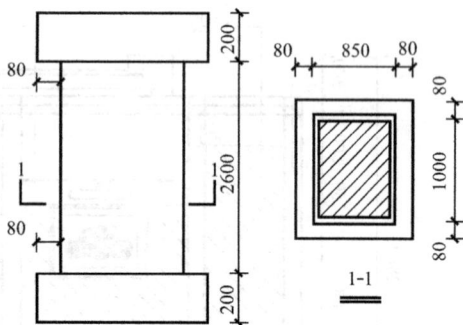

图 3-33 某大门砖柱块料面层尺寸

【解】

（1）柱面工程量

$$S_{柱} = (0.85 + 1) \times 2 \times 2.6 \times 6$$
$$= 57.72 m^2$$

（2）压顶及柱脚工程量

$$S = [(1.01 + 1.16) \times 2 \times 0.2 + (0.93 + 1.08) \times 2 \times 0.08] \times 2 \times 6$$
$$= (0.87 + 0.32) \times 2 \times 6$$
$$= 14.28 m^2$$

【例 3-13】 如图 3-34 所示一大型影剧院，为达到一定的听觉效果，墙体设计为锯齿形，外墙干挂石材，且要求密封。关于影院的所有数据已经在图中标明。根据已知条件，试计算清单工程量，芝麻白大理石以及印度红花大理石的定额工程量。

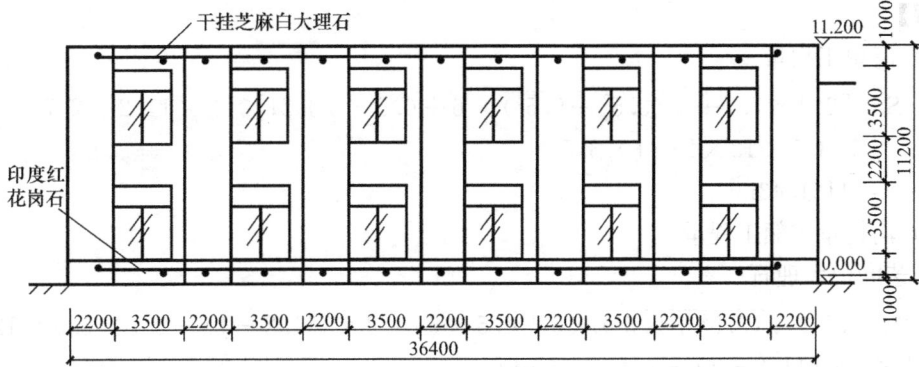

北立面图

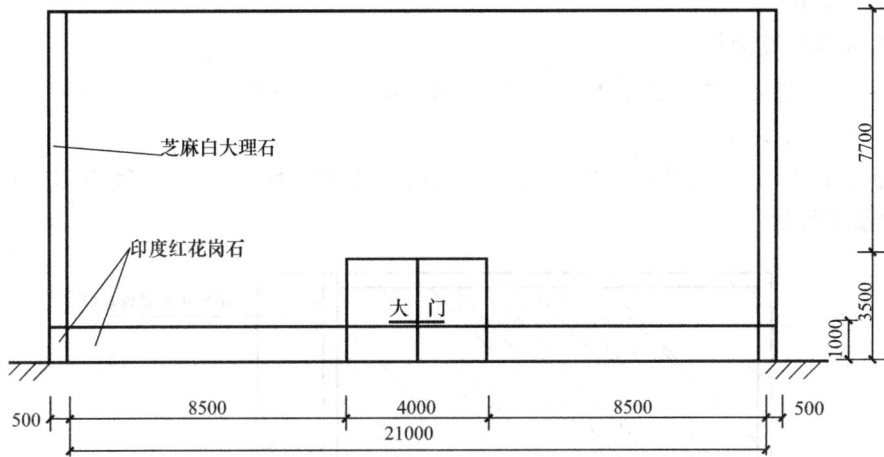

东立面图

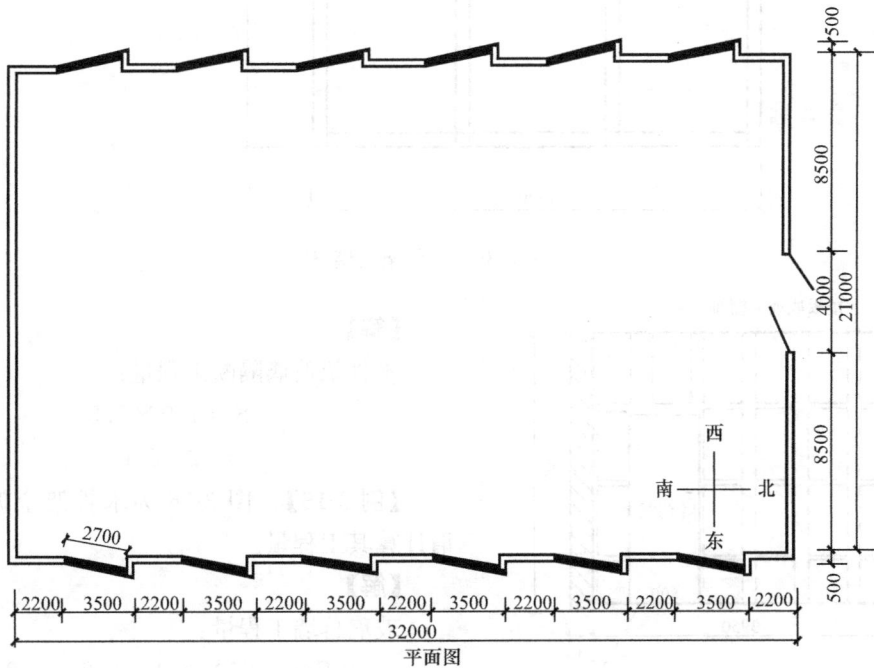

平面图

图 3-34　大型影剧院

【解】

（1）清单工程量

$$S= [2.2\times7.7+\sqrt{(3.5^2+0.5^2)}\times6+0.5\times6+21]\times2\times11.2-2.7$$
$$\times3.5\times12\times2-4\times3.5$$
$$= 1151.43m^2$$

（2）消耗量定额工程量

1）芝麻白大理石

$$S= [2.2\times7.7+\sqrt{(3.5^2+0.5^2)}\times6+0.5\times6]\times2\times(11.2-1)-2.7\times3.5\times12\times2$$
$$+21\times2\times(11.2-1)-4\times(3.5-1)$$
$$= 1040.12m^2$$

2）印度红花岗石

$$S= [2.2\times7.7+\sqrt{(3.5^2+0.5^2)}\times6+0.5\times6]\times2\times1+(21\times2-4)\times1$$
$$= 120.31m^2$$

【例 3-14】 木骨架玻璃隔断如图 3-35 所示，已知长为 1900mm，宽为 1500mm。试计算该隔断工程量。

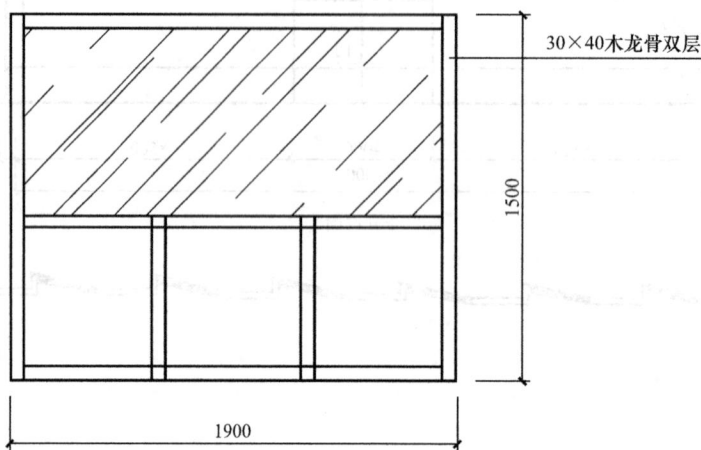

图 3-35　木骨架玻璃隔断

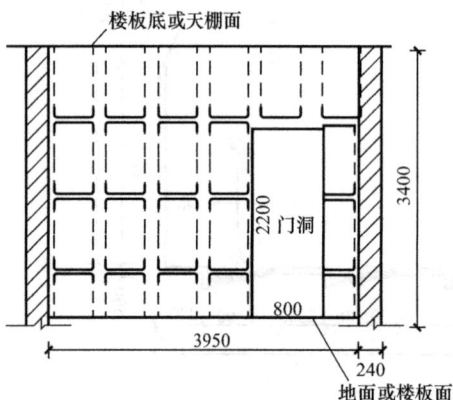

图 3-36　木骨架全玻璃幕墙示意图

【解】

木骨架玻璃隔断工程量：
$$S= 1.9\times1.5$$
$$= 2.85m^2$$

【例 3-15】 图 3-36 为木骨架全玻璃幕墙，请计算其工程量。

【解】

玻璃幕墙工程量：
$$S= 3.95\times3.4-2.2\times0.8$$
$$= 11.67m^2$$

【例 3-16】 如图 3-37 所示不锈钢钢化玻璃隔断，根据图中已知条件，试求玻璃及边框、不锈钢边框以及钢化玻璃工程量并编制综合单价分析表。

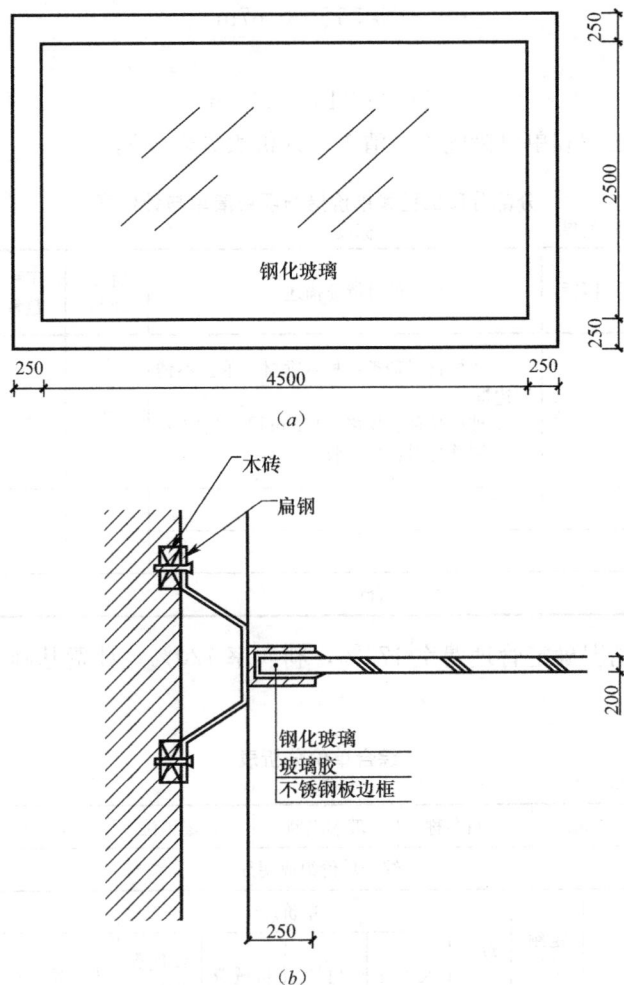

图 3-37 不锈钢钢化玻璃

(a) 立面图；(b) 剖面图

【解】

(1) 清单工程量

$$S = (4.5 + 0.25 \times 2) \times (2.5 + 0.25 \times 2)$$
$$= 15 \text{m}^2$$

(2) 消耗量定额工程量

1) 不锈钢边框：

$$S = 0.25 \times (4.5 + 0.25 \times 2 + 2.5) \times 2 \times 2 + 0.2 \times (4.5 + 2.5) \times 2$$
$$= 10.3 \text{m}^2$$

2) 钢化玻璃：

$$S = 4.5 \times 2.5$$
$$= 11.25 \text{m}^2$$

（3）清单项目每计量单位应包含工程数量：

1）不锈钢边框：

$$10.3 \div 15 = 0.67 \text{m}^2$$

2）钢化玻璃：

$$11.25 \div 15 = 0.75 \text{m}^2$$

（4）分部分项工程和单价措施项目清单与计价表见表 3-3。

分部分项工程和单价措施项目清单与计价表　　表 3-3

工程名称：某玻璃隔断工程　　　　　　　标段：　　　　　　　　第　页　共　页

序号	项目编号	项目名称	项目特征描述	计量单位	工程数量	综合单价	合价
						金额/元	
1	011210003001	玻璃隔断	1. 边框材料种类：杉木锯材、单独不锈钢边框 2. 玻璃品种、规格：12mm 厚钢化玻璃 3. 嵌缝材料：玻璃胶	m²	15	305.67	4585.05
			合计				4585.05

（5）根据企业情况确定管理费率 170%，利润率 120%，计费基础为人工费。综合单价分析表见表 3-4。

综合单价分析表　　　　　　　表 3-4

工程名称：某玻璃隔断工程　　　　　　　标段：　　　　　　　第　页　共　页

项目编码	011210003001	项目名称	玻璃隔断	计量单位	m²	工程量	15

综合单价组成明细

定额编号	定额名称	定额单位	数量	单价/元				合价/元			
				人工费	材料费	机械费	管理费和利润	人工费	材料费	机械费	管理费和利润
2-233	定位弹线、下料、安装龙骨	m²	0.67	4.93	235.49	0.4	14.30	3.5	167.20	0.28	10.15
2-235	安钢化玻璃、嵌缝清理	m²	0.75	5.8	141.76	1.67	16.82	4.35	106.31	1.25	12.62
人工单价			小计					7.85	273.52	1.53	22.77
22.47 元/工日			未计价材料费					—			
		清单项目综合单价						305.67			

【例 3-17】　如图 3-38 所示，已知柱高为 3500mm，根据图中所列数据，计算挂贴柱面花岗石线条工程量。

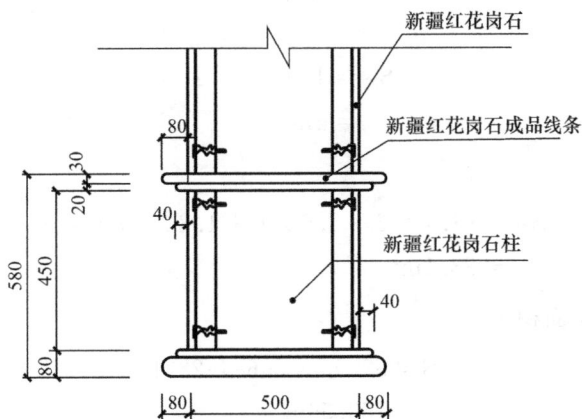

图 3-38 挂贴花岗石柱成品花岗石线条大样图

【解】

挂贴花岗石零星项目工程量

$$L = \pi \times (0.5 + 0.08 \times 2) \times 2 + \pi \times (0.5 + 0.04 \times 2) \times 2$$
$$= 3.14 \times (0.5 + 0.08 \times 2) \times 2 + 3.14 \times (0.5 + 0.04 \times 2) \times 2$$
$$= 7.79\text{m}$$

【例 3-18】 如图 3-39 所示为某小型住宅平面图，已知：

1）外墙顶面标高为 3.2m，室外地坪标高为 −0.4m。

2）墙厚 240mm。

3）设计外墙面 1∶1∶6 混合砂浆打底 15mm 厚，水泥膏贴纸皮条形瓷砖。

4）门尺寸 1000mm × 2000mm；窗尺寸 C1：1100mm × 1500mm、C2：1600mm × 1500mm、C3：1800mm × 1500mm；门、窗框厚均按 90mm 计，安装于墙体中间。

试计算外墙装饰工程工程量并编制综合单价分析表。

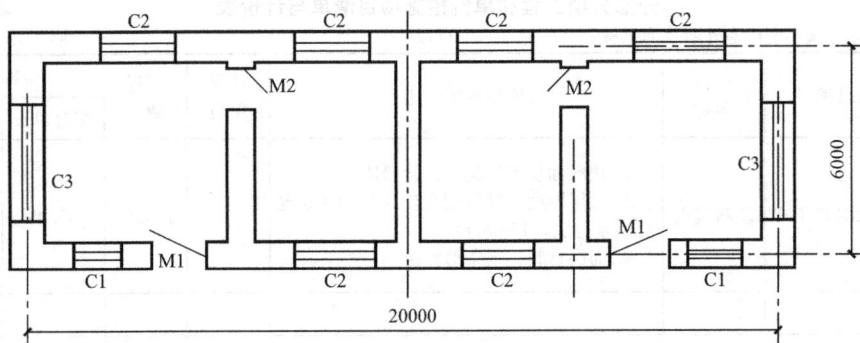

图 3-39 某小型住宅平面图

【解】

（1）块料墙面清单工程量：

1）外墙长

$$L = [(20 + 0.24) + (6 + 0.24)] \times 2$$
$$= 52.96\text{m}$$

2）门面积

$$S_{门} = 1.0 \times 2 \times 2$$
$$= 4m^2$$

3）窗面积

$$S_{窗} = (1.1 \times 2 + 1.6 \times 6 + 1.8 \times 2) \times 1.5$$
$$= 23.1m^2$$

4）外墙块料面层面积

$$S = 52.96 \times 3.6 \text{-} 4 \text{-} 23.1$$
$$= 163.56m^2$$

（2）贴面砖定额工程量：

1）外墙底层抹灰工程量：$163.56m^2$

2）门窗侧壁增加面积：

$$S_{门} = (0.24\text{-}0.09)/2 \times 2 \times 4 + (0.24\text{-}0.09)/2 \times 1.0 \times 2$$
$$= 0.75m^2$$
$$S_{窗} = (0.24\text{-}0.09)/2 \times [(1.8+1.5) \times 2 \times 2 + (1.1+1.5) \times 2 \times 2$$
$$+ (1.6+1.5) \times 2 \times 6]$$
$$= 4.56m^2$$

3）贴面砖工程量：

$$S = 163.56 + 0.75 + 4.56$$
$$= 168.87m^2$$

（3）分部分项工程和单价措施项目清单与计价表见表 3-5。

分部分项工程和单价措施项目清单与计价表 表 3-5

工程名称：某小型住宅外墙装饰工程　　　　　　标段：　　　　　　　　　第 页 共 页

序号	项目编号	项目名称	项目特征描述	计量单位	工程数量	金额/元	
						综合单价	合价
1	011204003001	块料墙面	1. 块料面层墙体类型：砖墙体 2. 底层厚度、砂浆配合比：1：1：6 混合砂浆打底，15mm 厚 3. 面层材料：纸条形瓷砖	m²	163.56	87.39	14293.51
			合计				14293.51

（4）工料机单价：人工按 40 元/工日，管理费和利润按直接费的 42% 计取。综合单价分析表的填制见表 3-6。

综合单价分析表

表 3-6

工程名称：某小型住宅外墙装饰工程   标段：   第 页 共 页

项目编码	011204003001	项目名称	块料墙面	计量单位	m²	工程量	163.56

综合单价组成明细

定额编号	定额项目名称	定额单位	数量	单价/元				合价/元			
				人工费	材料费	机械费	管理费和利润	人工费	材料费	机械费	管理费和利润
—	底层抹灰	m²	1.00	4.32	1.98	0.13	2.7	4.32	1.98	0.13	2.7
—	纸皮条形瓷砖	m²	1.032	22.12	31.27	0.01	22.43	22.83	32.27	0.01	23.15
人工单价		小计						27.15	34.25	0.14	25.85
40 元/工日		未计价材料费						—			
清单项目综合单价								87.39			

65

4 门窗工程手工算量与实例精析

4.1 门窗工程工程量手算方法

4.1.1 门、窗的常见形式及图例

门和窗施建筑物的重要组成部分，也是主要围护构件之一，对保护建筑物能够正常、安全、舒适地使用具有很大的影响。

各种门窗图样如图 4-1 所示。

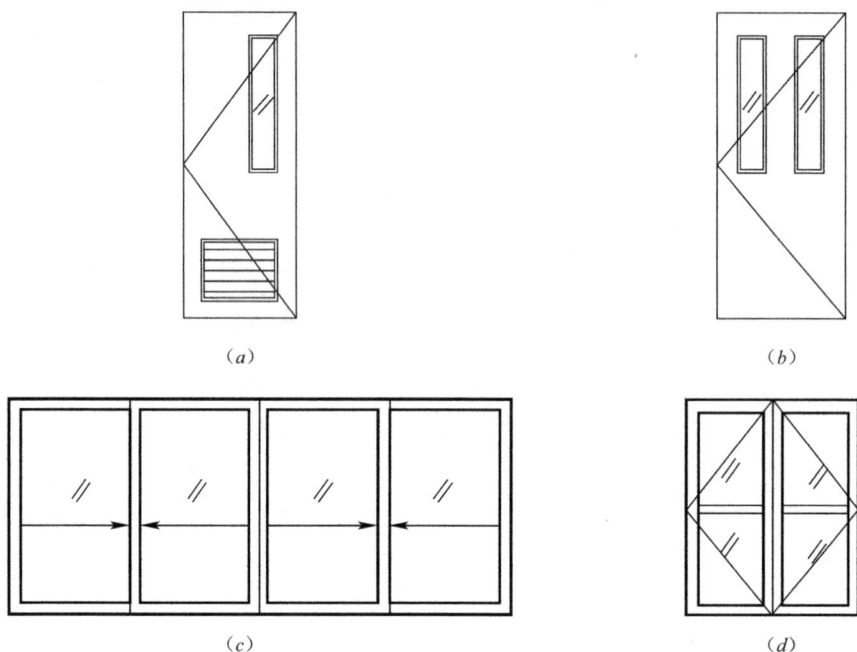

图 4-1　各种门窗图样

(*a*) 平开百叶门；(*b*) 平开门；(*c*) 推拉窗；(*d*) 平开窗

1. 门

（1）门的组成

门一般由门框、门扇、五金零件及附件组成，如图 4-2 所示。

（2）门的类型

1）按门在建筑物中所处的位置分为内门和外门。内门位于内墙上，外门位于外墙上。

2）按门的使用功能分为一般门和特殊门。

3）按门的框料材质分为木门、铝合金门、塑钢门、彩板门、玻璃钢门、钢门等。

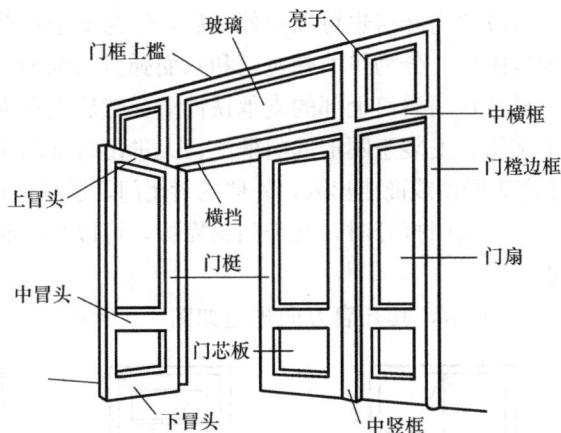

图 4-2　门的组成

① 木门：木门使用比较普遍。门扇的做法很多，如拼板门（如图 4-3）、镶板门、胶合板门、半截玻璃门等。

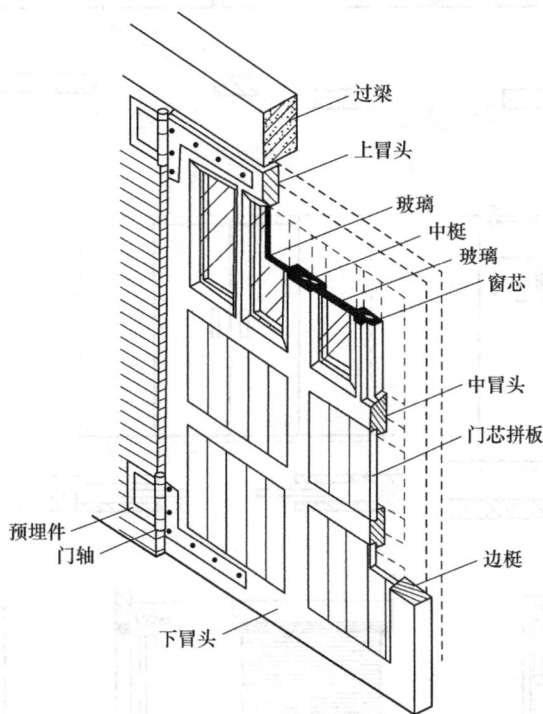

图 4-3　拼板门构造示意图

② 钢门：采用钢框和钢扇的门，使用较少。有时仅用于大型公共建筑、工业厂房大门或纪念性建筑中。但钢框木门目前已广泛应用于工业厂房和民用住宅等建筑中。

③ 钢筋混凝土门：这种门较多用于人防地下室的密闭门。

④ 铝合金门：这种门主要用于商业建筑和大型公共建筑的主要出入口等。

4）按门的开启方式分为平开门、弹簧门、推拉门、转门、折叠门、卷帘门和翻板门等。

① 平开门：平开门可以向内开启也可以向外开启，作为安全疏散门时应外开启。

② 弹簧门：又称为自由门。分为单面弹簧门和双面弹簧门两种。

③ 推拉门：这种门悬挂在门洞口上部的支承铁件上，然后左右推拉。

④ 转门：转门成十字形，安装于圆形的门框上，人进出时推门缓缓行进。

⑤ 卷帘门：多用于商店橱窗或商店出入口外侧的封闭门，还有带有车库的民用住宅等。

⑥ 折门：又称折叠门。当门打开时，几个门扇靠拢，可以少占有效面积。

（3）门的外观形式

门的外观形式如图 4-4 所示，其开启方向规定如图 4-5 所示。

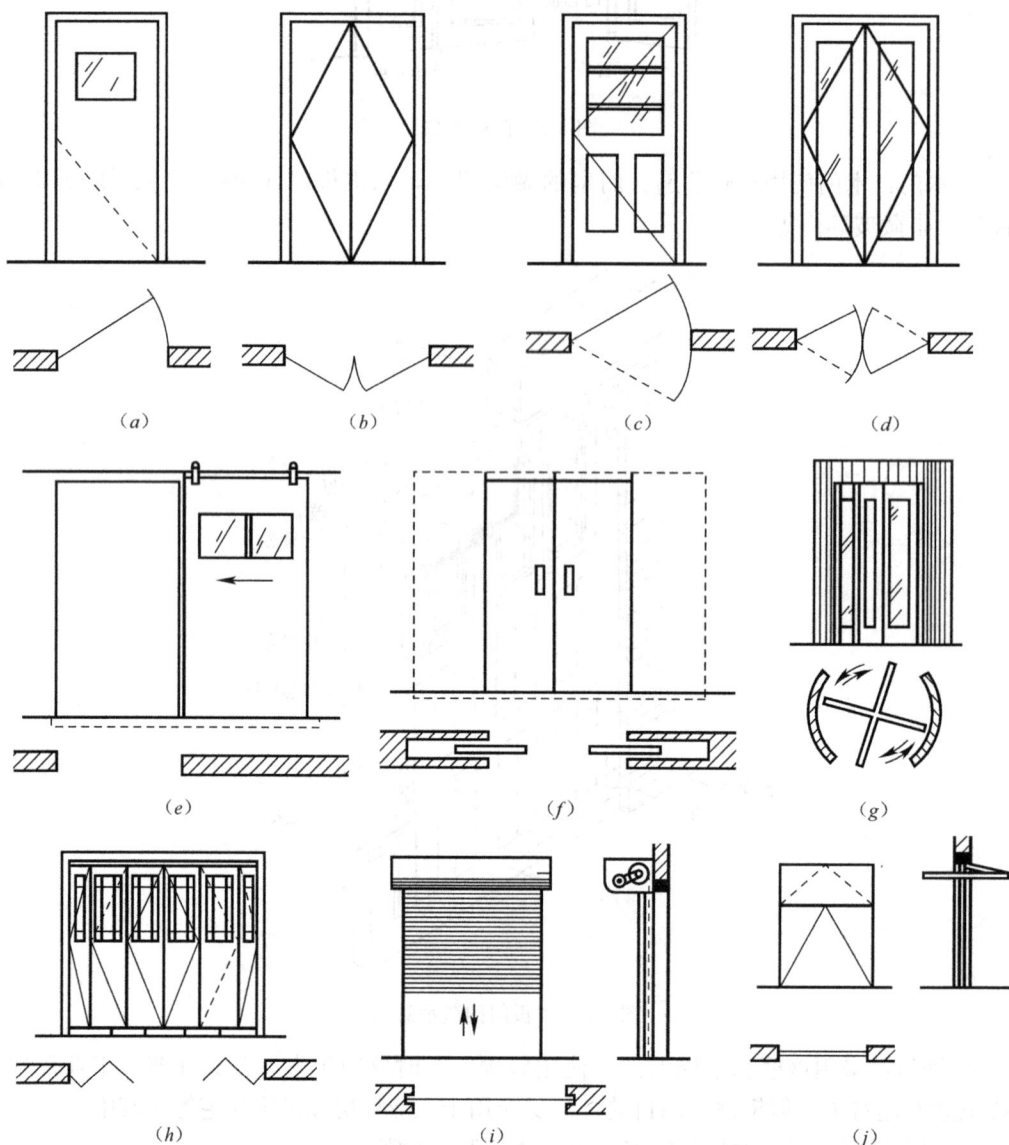

图 4-4 门的外观形式

（a）单扇内平开门；（b）双扇外平开门；（c）单扇弹簧门；（d）双扇弹簧门；（e）单扇左右推拉门；

（f）双扇左右推拉门；（g）旋转门；（h）折叠门；（i）卷帘门；（j）翻板门

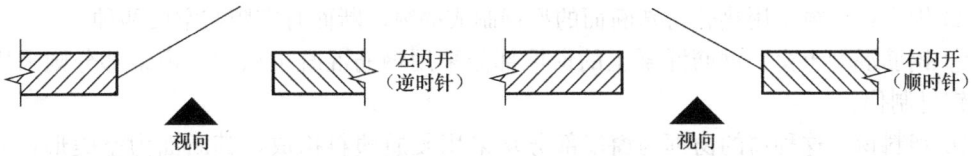

图 4-5 门开启方向的规定

2. 窗

（1）窗的组成

窗一般由窗框、窗扇和五金零件三部分组成，如图 4-6 所示。

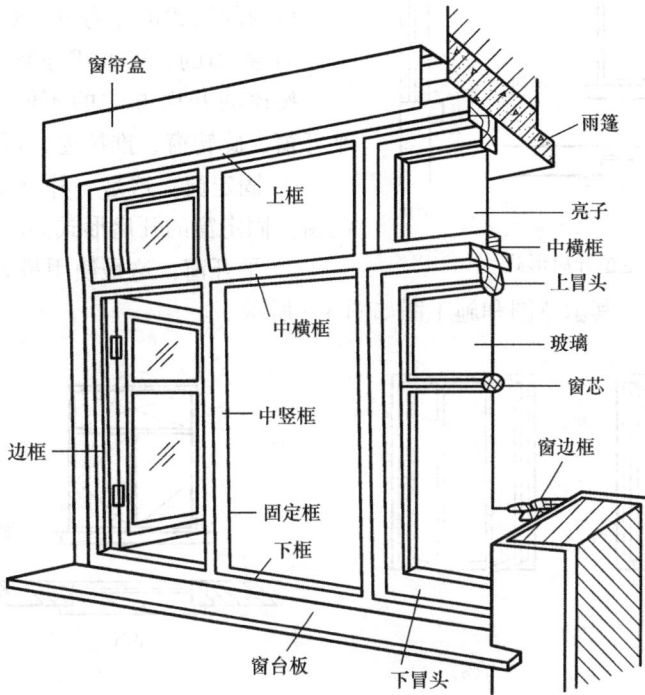

图 4-6 木窗的组成

当建筑的室内装饰标准较高时，窗洞口周围可增设贴脸、筒子板、压条、窗台板及窗帘盒等附件，如图 4-7 所示。

（2）窗的类型

1）按窗的框料材质分类

按窗所用的框架材料不同，可分为木窗、钢窗、铝合金窗和塑料窗等单一材料的窗，以及塑钢窗、铝塑窗等复合材料的窗。

① 木窗：木窗是由含水率在 18% 左右的不易变形的木料制成，常用的有松木或与松木近似的木料。

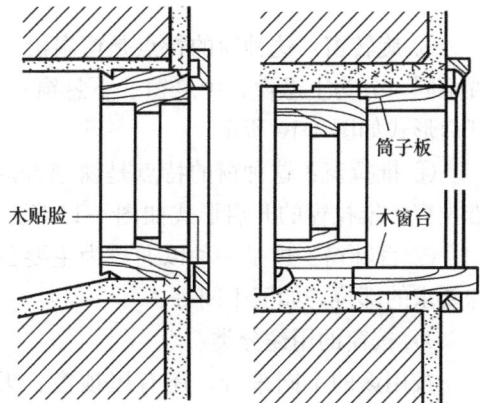

图 4-7 窗的装饰构件

② 钢窗：钢窗是用热轧特殊断面的型钢制成的窗。断面有实腹与空腹两种。

③ 钢筋混凝土窗：钢筋混凝土的窗框部分采用钢筋混凝土做成，窗扇部分则采用木材或钢材制作。

④ 塑料窗：这种窗的窗框与窗扇部分均采用硬质塑料构成，其断面为空腹形，一般采用挤压成型。

⑤ 铝合金窗：这是一种新型窗，主要用于商店橱窗等。铝合金是采用铝镁硅系列合金钢材，表面呈银白色或深青铜色，其断面亦为空腹形，造价适中。

2) 按窗的层数分类

按窗的层数可分为单层窗和双层窗两种。

3) 按窗的开启方式分类

按窗的开启方式的不同，可分为固定窗、平开窗、旋转窗、推拉窗、百叶窗等。

① 固定窗：这是一种只供采光、不能通风的窗。固定窗的开启形式如图 4-8 所示。

② 平开窗：这是使用最为广泛的一种，分为内开窗和外开窗，其示意图和施工图如图 4-9 所示。

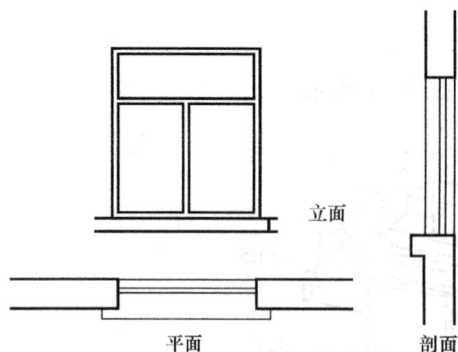

图 4-8 固定窗开启形式

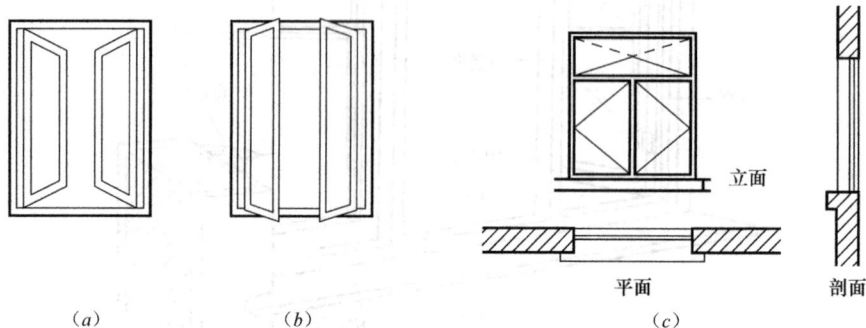

图 4-9 平开窗开启形式
（a）外平开示意图；（b）内平开示意图；（c）施工图

③ 旋转窗：这种窗的特点是窗扇沿一旋转轴旋转，实现开启。由于旋转轴的安装位置不同，分为上悬窗、中悬窗、下悬窗；也可以沿垂直轴旋转而成垂直旋转窗。旋转窗的开启形式如图 4-10 所示。

④ 推拉窗：这种窗的特点是窗扇开启不占室内空间，通常可分为水平推拉窗和垂直推拉窗。推拉窗的开启形式如图 4-11 所示。

⑤ 百叶窗：这是一种以通风为主要目的的窗，由斜木片或金属片组成。多用于有特殊要求的部位，如卫生间等。

4) 按窗的用途分类

按用途的不同来分，还有屋顶窗、天窗、老虎窗、双层窗、百叶窗和眺望窗等，如图 4-12所示。

70

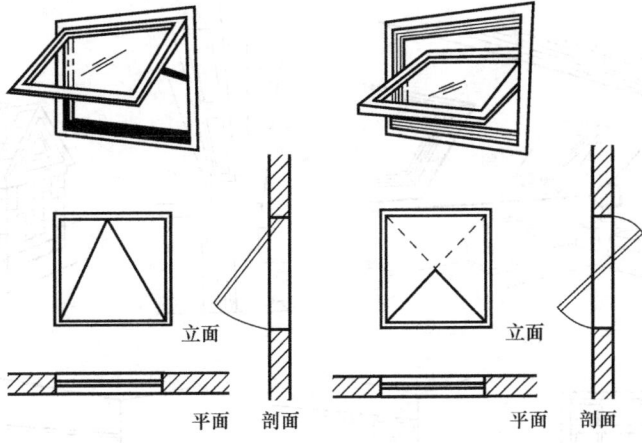

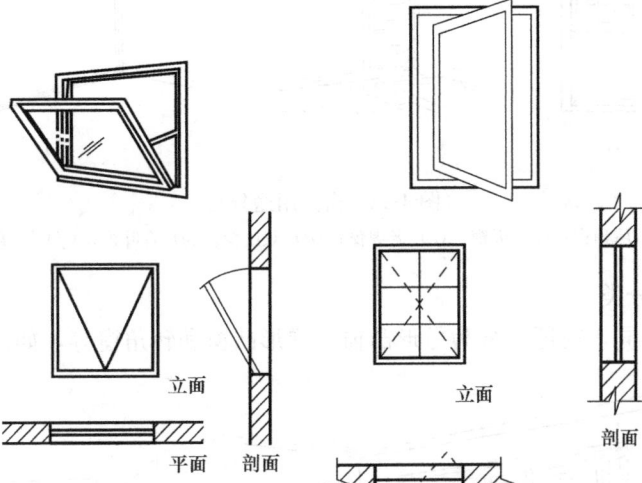

图 4-10　旋转窗的开启形式
(a) 上悬窗；(b) 中悬窗；(c) 下悬窗；(d) 立转窗

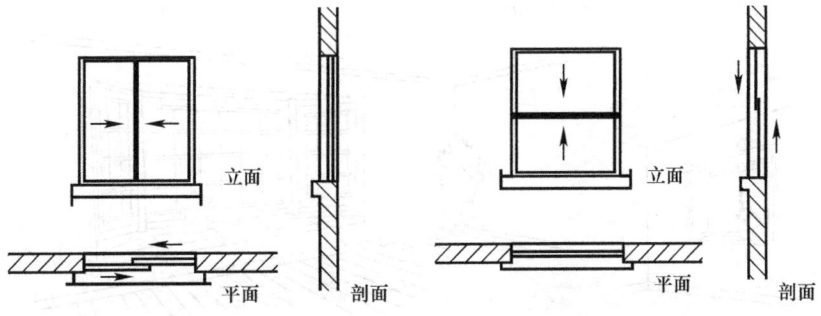

图 4-11　推拉窗的开启形式
(a) 水平推拉窗；(b) 垂直推拉窗

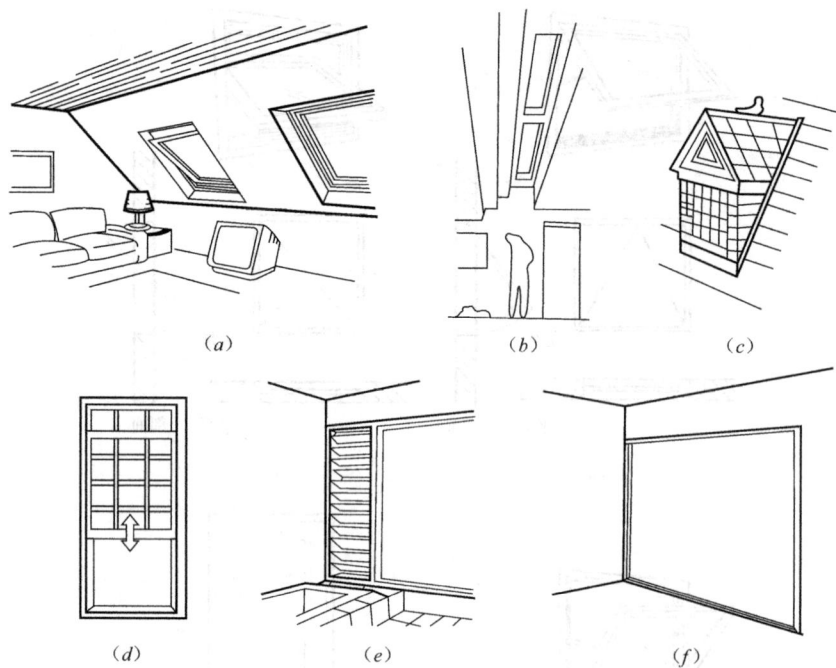

图 4-12　窗按用途分类

(a) 屋顶窗；(b) 天窗；(c) 老虎窗；(d) 双层窗；(e) 百叶窗；(f) 眺望窗

5) 按窗造型分类

按窗的造型不同，窗还可分为弓形凸窗、梯形凸窗和转角窗等，如图 4-13 所示。

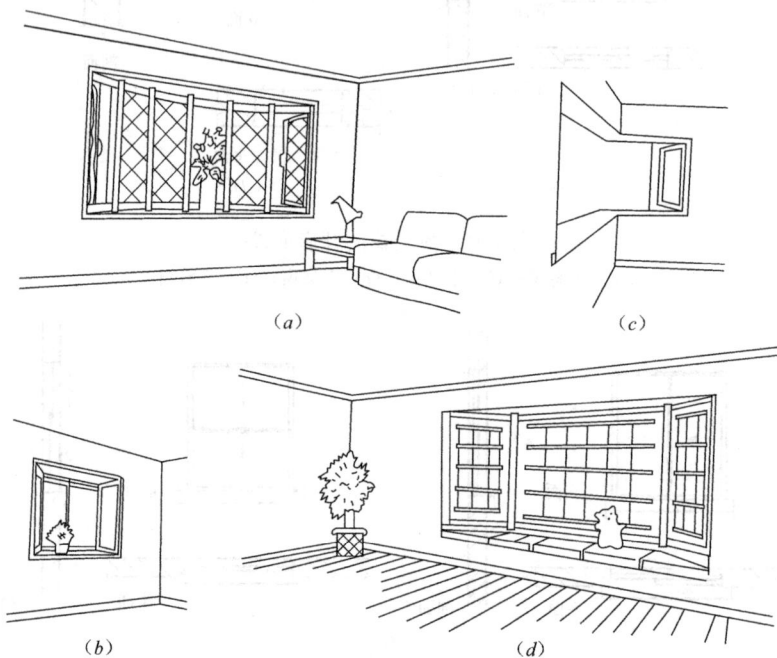

图 4-13　窗按造型分类

(a) 弓形凸窗；(b) 梯形凸窗；(c) 转角窗；(d) 屏壁窗

3. 门、窗工程造价常用图例

门、窗工程造价常用图例见表 4-1。

门、窗工程造价常用图例 表 4-1

序号	名 称	图 例	备 注
1	新建的墙和窗		—
2	改建时保留的墙和窗		只更换窗，应加粗窗的轮廓线
3	拆除的墙		—
4	改建时在原有墙或楼板新开的洞		—

序号	名　称	图　例	备　注
5	在原有墙或楼板洞旁扩大的洞	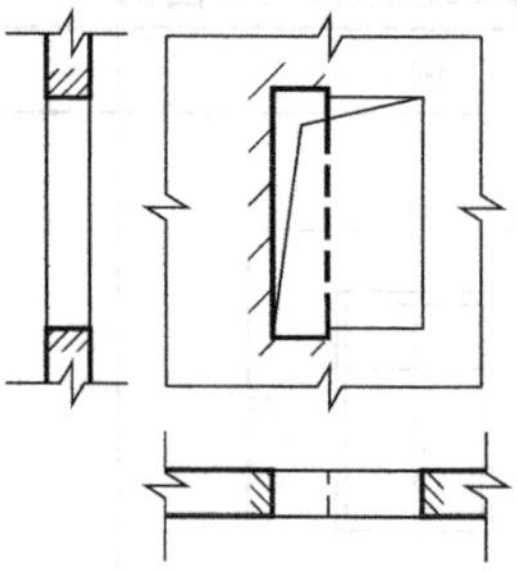	图示为洞口向左边扩大
6	在原有墙或楼板上全部填塞的洞	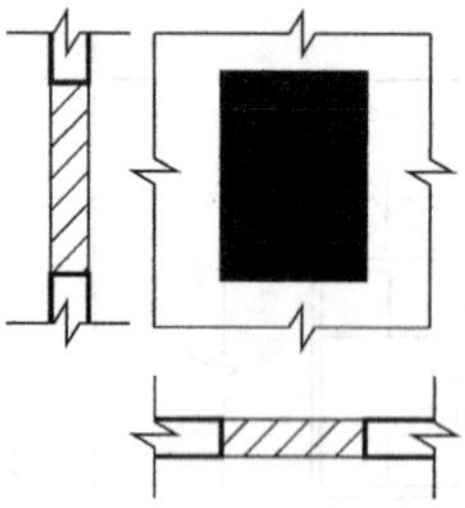	全部填塞的洞 图中立面填充灰度或涂色
7	在原有墙或楼板上局部填塞的洞	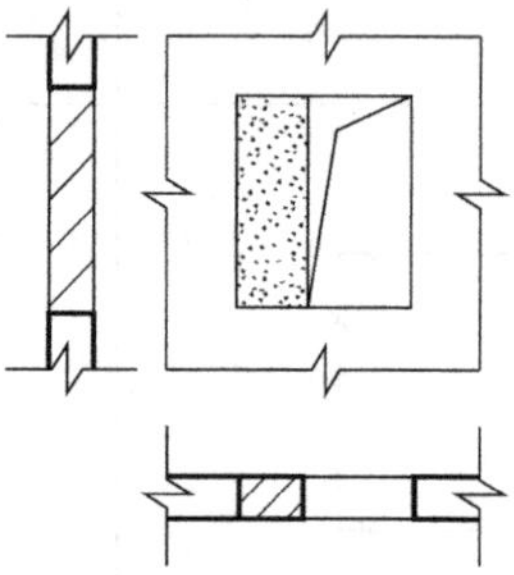	左侧为局部填塞的洞 图中立面填充灰度或涂色
8	空门洞	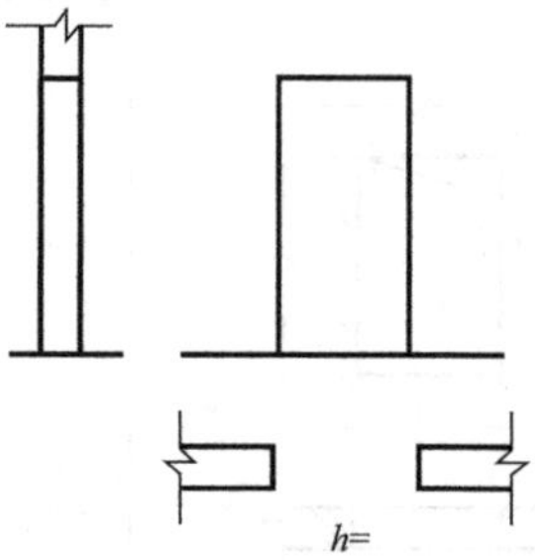 $h=$	h 为门洞高度

序号	名　称	图　例	备　注
9	单面开启单扇门（包括平开或单面弹簧）	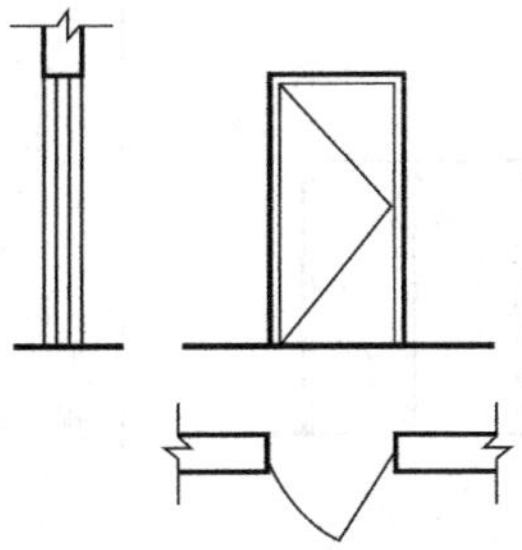	1. 门的名称代号用 M 表示 2. 平面图中，下为外，上为内 门开启线为 90°、60°或 45°，开启弧线宜绘出 3. 立面图中，开启线实线为外开，虚线为内开。开启线交角的一侧为安装合页一侧。开启线在建筑立面图中可不表示，在立面大样图中可根据需要绘出 4. 剖面图中，左为外，右为内 5. 附加纱扇应以文字说明，在平、立、剖面图中均不表示 6. 立面形式应按实际情况绘制
	双面开启单扇门（包括双面平开或双面弹簧）		
	双层单扇平开门		
10	单面开启双扇门（包括平开或单面弹簧）	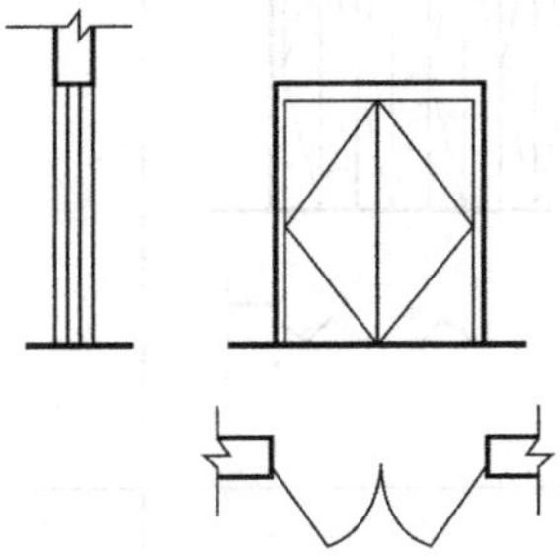	1. 门的名称代号用 M 表示 2. 平面图中，下为外，上为内 门开启线为 90°、60°或 45°，开启弧线宜绘出 3. 立面图中，开启线实线为外开，虚线为内开。开启线交角的一侧为安装合页一侧。开启线在建筑立面图中可不表示，在立面大样图中可根据需要绘出 4. 剖面图中，左为外，右为内 5. 附加纱扇应以文字说明，在平、立、剖面图中均不表示 6. 立面形式应按实际情况绘制
	双面开启双扇门（包括双面平开或双面弹簧）		

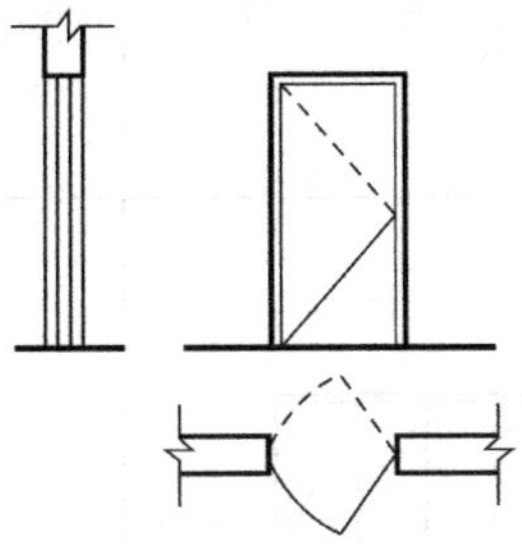

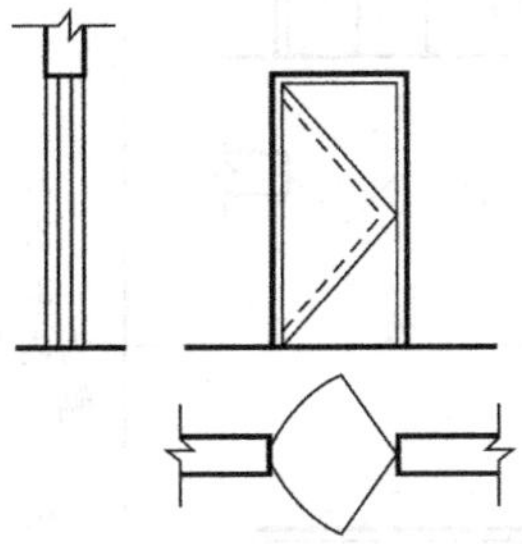

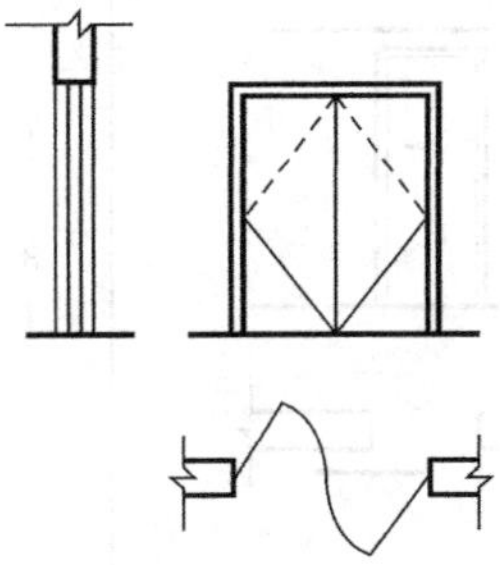

序号	名 称	图 例	备 注
10	双层双扇平开门	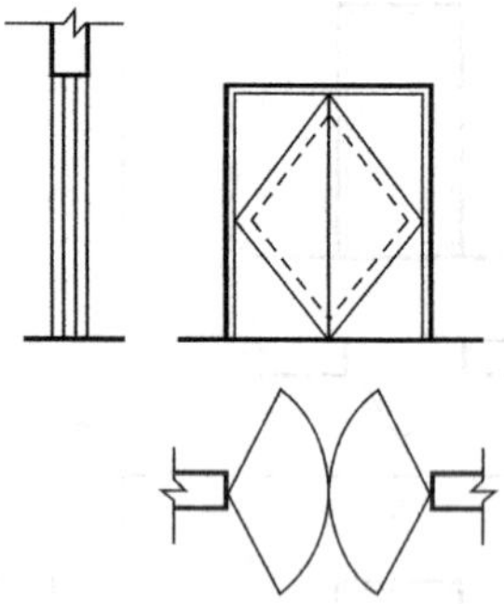	1. 门的名称代号用 M 表示 2. 平面图中，下为外，上为内 门开启线为 90°、60°或 45°，开启弧线宜绘出 3. 立面图中，开启线实线为外开，虚线为内开。开启线交角的一侧为安装合页一侧。开启线在建筑立面图中可不表示，在立面大样图中可根据需要绘出 4. 剖面图中，左为外，右为内 5. 附加纱扇应以文字说明，在平、立、剖面图中均不表示 6. 立面形式应按实际情况绘制
11	折叠门 推拉折叠门	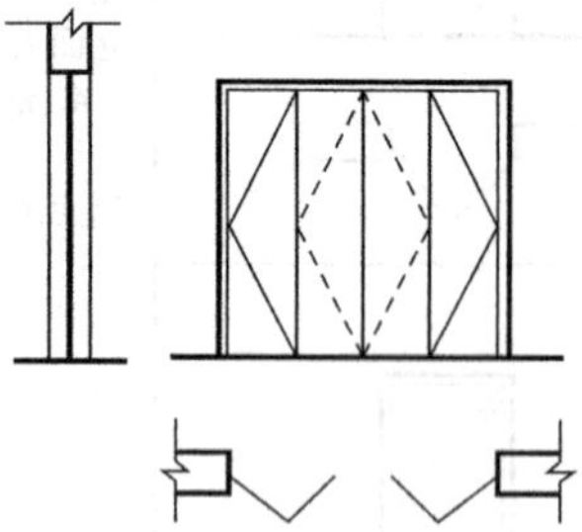	1. 门的名称代号用 M 表示 2. 平面图中，下为外，上为内 3. 立面图中，开启线实线为外开，虚线为内开。开启线交角的一侧为安装合页一侧 4. 剖面图中，左为外，右为内 5. 立面形式应按实际情况绘制
12	墙洞外单扇推拉门	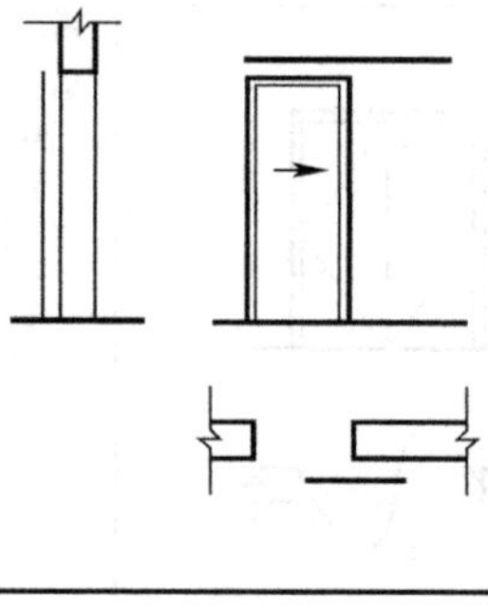	1. 门的名称代号用 M 表示 2. 平面图中，下为外，上为内 3. 剖面图中，左为外，右为内 4. 立面形式应按实际情况绘制

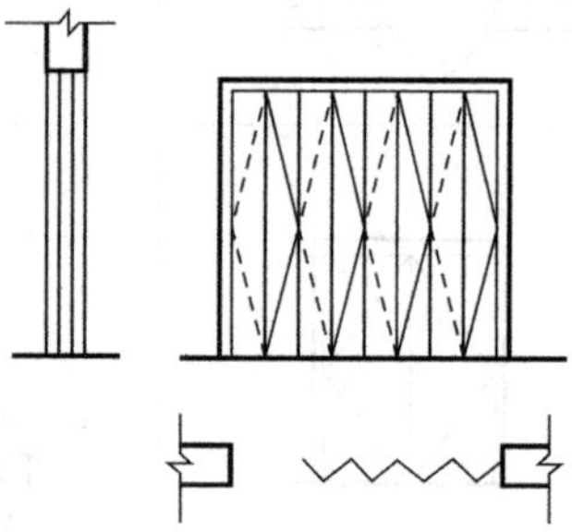

序号	名 称	图 例	备 注
12	墙洞外双扇推拉门	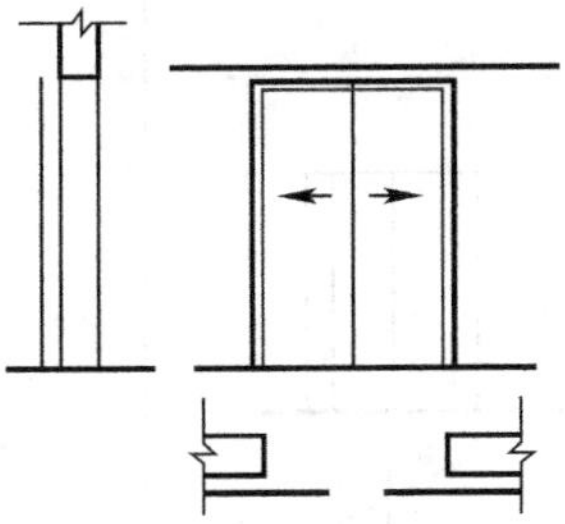	1. 门的名称代号用 M 表示 2. 平面图中,下为外,上为内 3. 剖面图中,左为外,右为内 4. 立面形式应按实际情况绘制
	墙中单扇推拉门	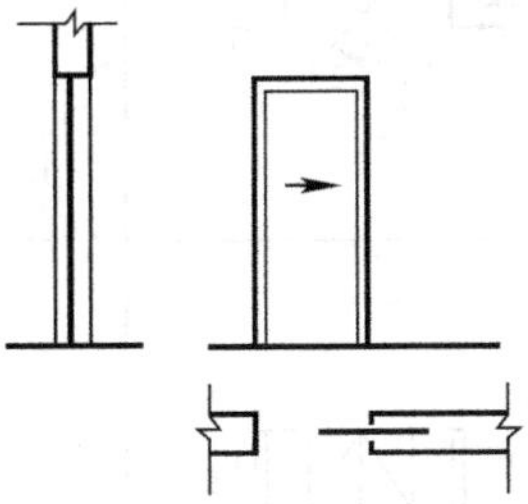	
	墙中双扇推拉门	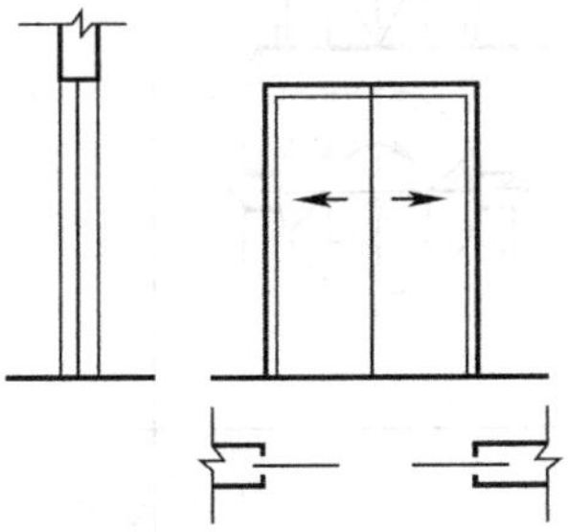	1. 门的名称代号用 M 表示 2. 立面形式应按实际情况绘制
13	推杠门	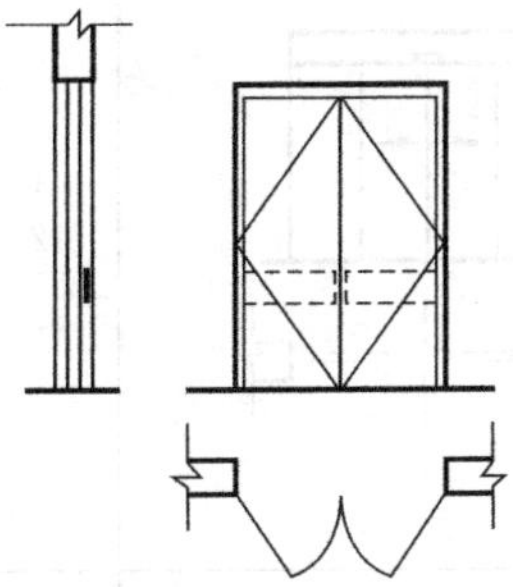	
14	门连窗	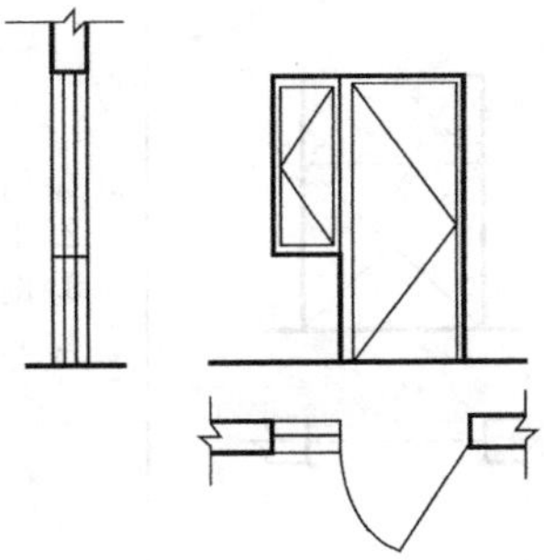	1. 门的名称代号用 M 表示 2. 平面图中,下为外,上为内 门开启线为 90°、60°或 45° 3. 立面图中,开启线实线为外开,虚线为内开。开启线交角的一侧为安装合页一侧。开启线在建筑立面图中可不表示,在室内设计门窗立面大样图中需绘出 4. 剖面图中,左为外,右为内 5. 立面形式应按实际情况绘制

序号	名　称	图　例	备　注
15	旋转门	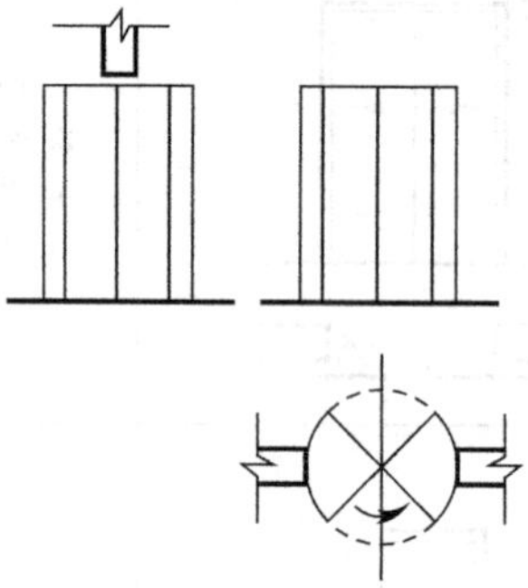	1. 门的名称代号用 M 表示 2. 立面形式应按实际情况绘制
	两翼智能旋转门	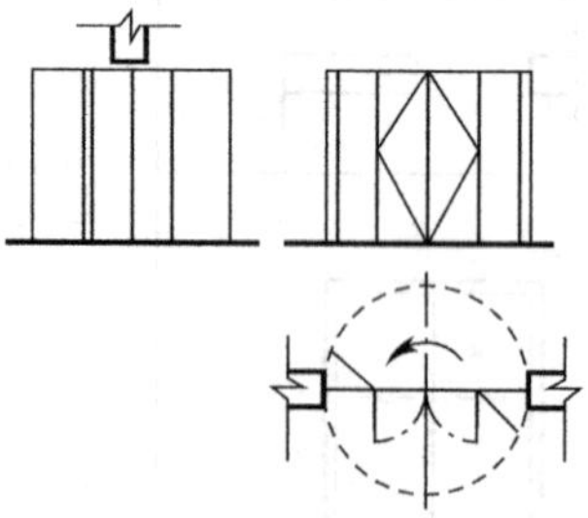	
16	自动门	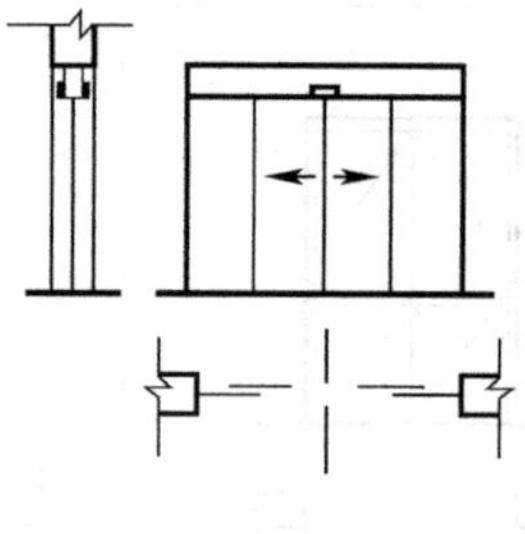	1. 门的名称代号用 M 表示 2. 立面形式应按实际情况绘制
17	折叠上翻门	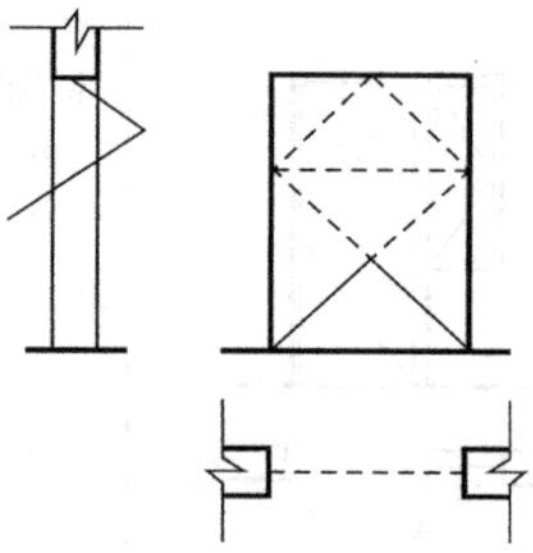	1. 门的名称代号用 M 表示 2. 平面图中，下为外，上为内 3. 剖面图中，左为外，右为内 4. 立面形式应按实际情况绘制

序号	名　称	图　例	备　注
18	提升门		1. 门的名称代号用 M 表示 2. 立面形式应按实际情况绘制
19	分节提升门		
20	人防单扇防护密闭门		1. 门的名称代号按人防要求表示 2. 立面形式应按实际情况绘制
	人防单扇密闭门		

序号	名　称	图　例	备　注
21	人防双扇防护密闭门		1. 门的名称代号按人防要求表示 2. 立面形式应按实际情况绘制
	人防双扇密闭门		
22	横向卷帘门		—
	竖向卷帘门		
	单侧双层卷帘门		

序号	名　称	图　例	备　注
22	双侧单层卷帘门	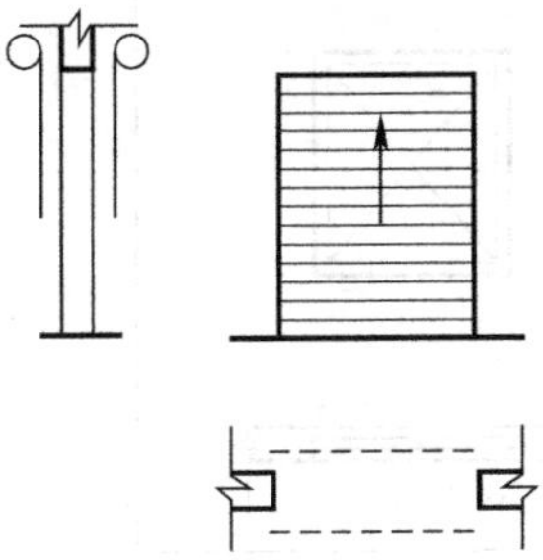	—
23	固定窗	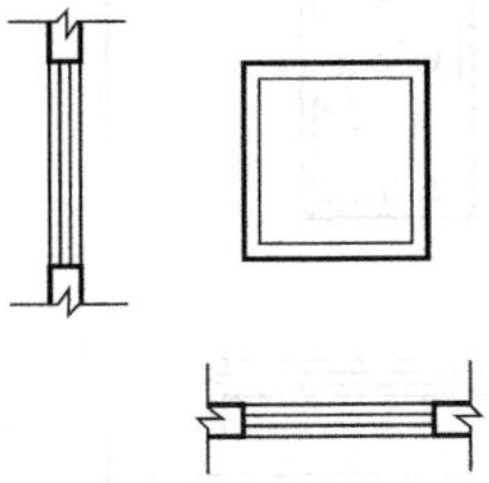	1. 窗的名称代号用 C 表示 2. 平面图中，下为外，上为内 3. 立面图中，开启线实线为外开，虚线为内开。开启线交角的一侧为安装合页一侧。开启线在建筑立面图中可不表示，在门窗立面大样图中需绘出 4. 剖面图中，左为外、右为内。虚线仅表示开启方向，项目设计不表示 5. 附加纱窗应以文字说明，在平、立、剖面图中均不表示 6. 立面形式应按实际情况绘制
24	上悬窗	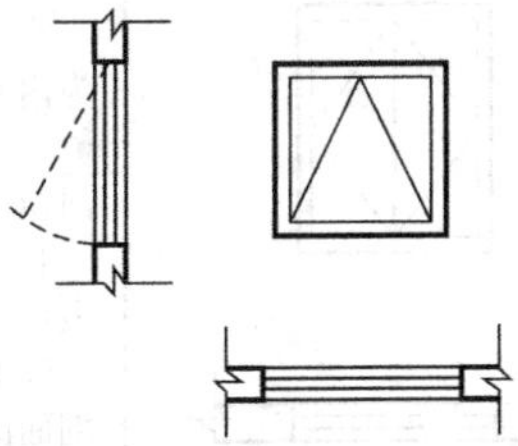	
	中悬窗	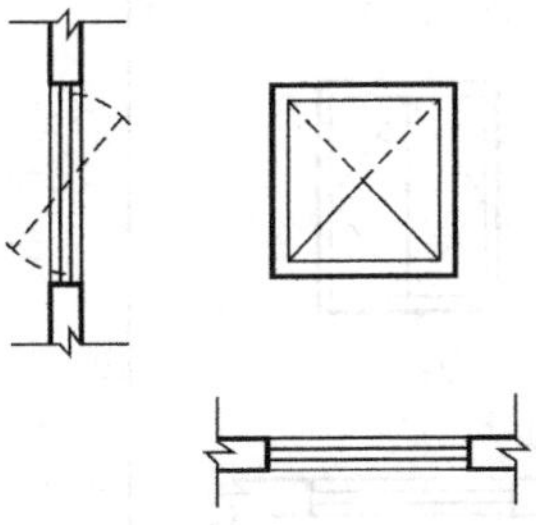	
25	下悬窗	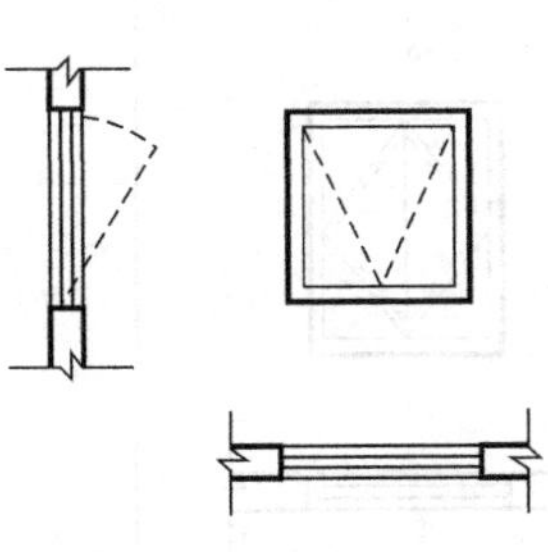	

続表

序号	名　称	图　例	备　注
26	立转窗	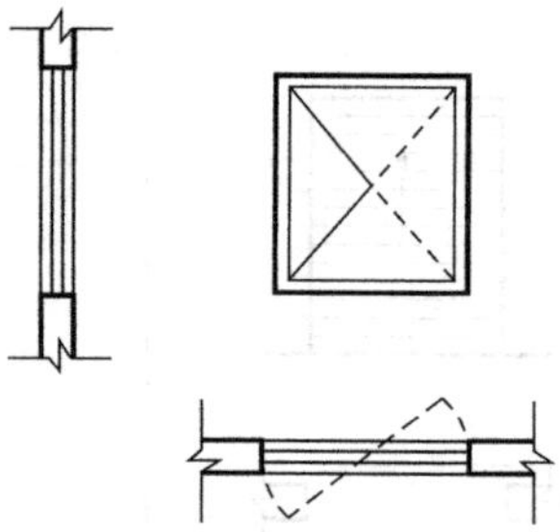	
27	内开平开内倾窗	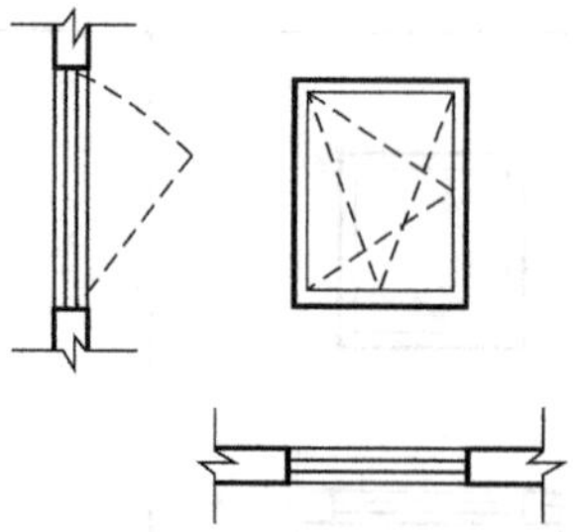	
28	单层外开平开窗	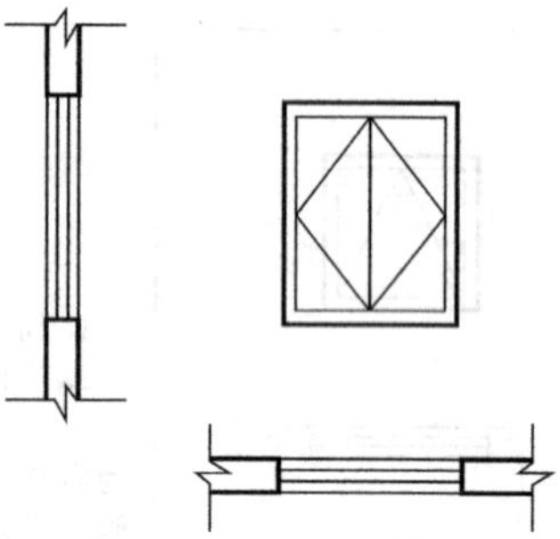	1. 窗的名称代号用 C 表示 2. 平面图中，下为外，上为内 3. 立面图中，开启线实线为外开，虚线为内开。开启线交角的一侧为安装合页一侧。开启线在建筑立面图中可不表示，在门窗立面大样图中需绘出 4. 剖面图中，左为外、右为内。虚线仅表示开启方向，项目设计不表示 5. 附加纱窗应以文字说明，在平、立、剖面图中均不表示 6. 立面形式应按实际情况绘制
	单层内开平开窗	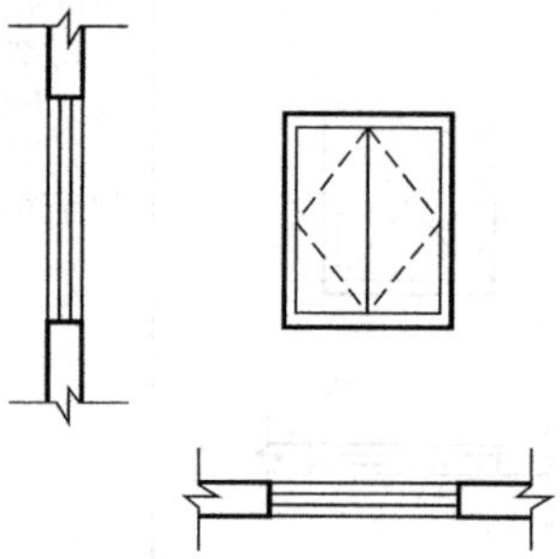	
	双层内外开平开窗	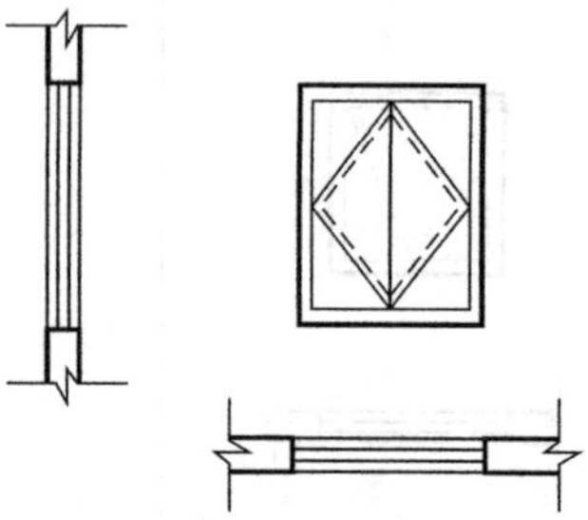	

82

序号	名 称	图 例	备 注
29	单层推拉窗		
	双层推拉窗		1. 窗的名称代号用 C 表示 2. 立面形式应按实际情况绘制
30	上推窗		
31	百叶窗		

序号	名 称	图 例	备 注
32	高窗	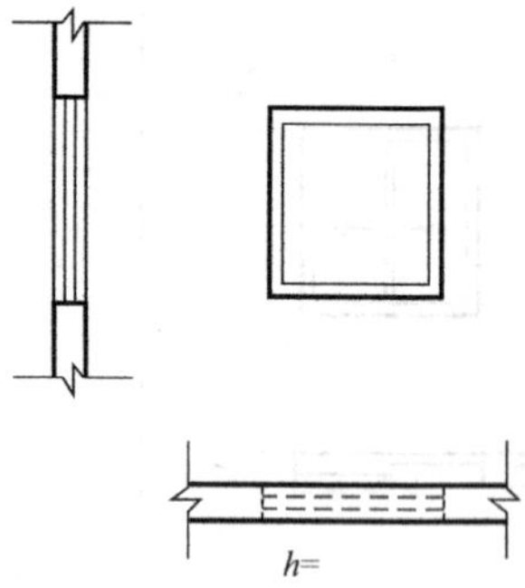	1. 窗的名称代号用 C 表示 2. 立面图中，开启线实线为外开，虚线为内开。开启线交角的一侧为安装合页一侧。开启线在建筑立面图中可不表示，在门窗立面大样图中需绘出 3. 剖面图中，左为外、右为内 4. 立面形式应按实际情况绘制 5. h 表示高窗底距本层地面高度 6. 高窗开启方式参考其他窗型
33	平推窗	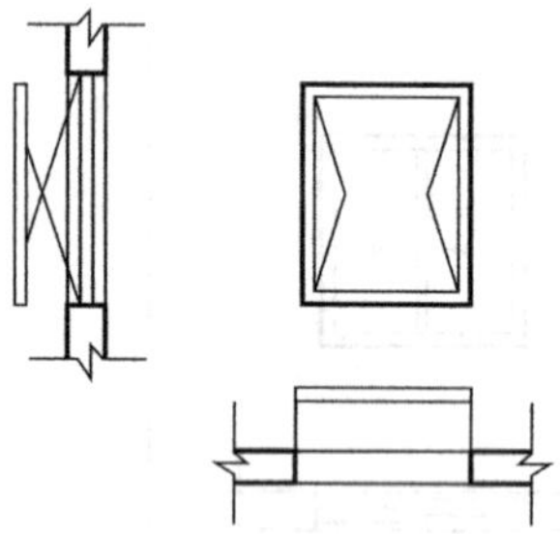	1. 窗的名称代号用 C 表示 2. 立面形式应按实际情况绘制

4.1.2 木门、窗工程量

1. 木质门

（1）计算公式

$$工程量＝图示数量（樘）$$

或

$$工程量＝图示洞口长度×宽度（m^2）$$

（2）工程量计算规则及说明

木质门、木质门带套、木质连窗门、木质防火门工程量按设计图示数量计算，以樘计量；或按设计图示洞口尺寸以面积计算，以平方米计量。

1）木质门应区分镶板木门、企口木板门、实木装饰门、胶合板门、夹板装饰门、木纱门、全玻门（带木质扇框）、木质半玻门（带木质扇框）等项目列项。

2）木门五金应包括：折页、插销、门碰珠、弓背拉手、搭机、木螺丝、弹簧折页（自动门）、管子拉手（自由门、地弹门）、地弹簧（地弹门）、角铁、门轧头（地弹门、自由门）等。

3）木质门带套计量按洞口尺寸以面积计算，不包括门套的面积。

（3）镶板木门

镶板木门又称冒头门、框档门，是指由边梃、上冒头、中冒头、下冒头组成门扇骨架，内镶门芯板构成的门，如图 4-14 所示。门芯板通常用数块木板拼合而成，拼合时可用胶粘合或做成企口，或在相邻板间嵌入竹签拉接。门芯板可采用木板、硬质纤维板、胶合板、塑料板制成，这样的门称为全镶板木门；门芯板中有的部分采用玻璃，则称为半玻镶板门；全部采用玻璃，则称为全镶玻璃门。

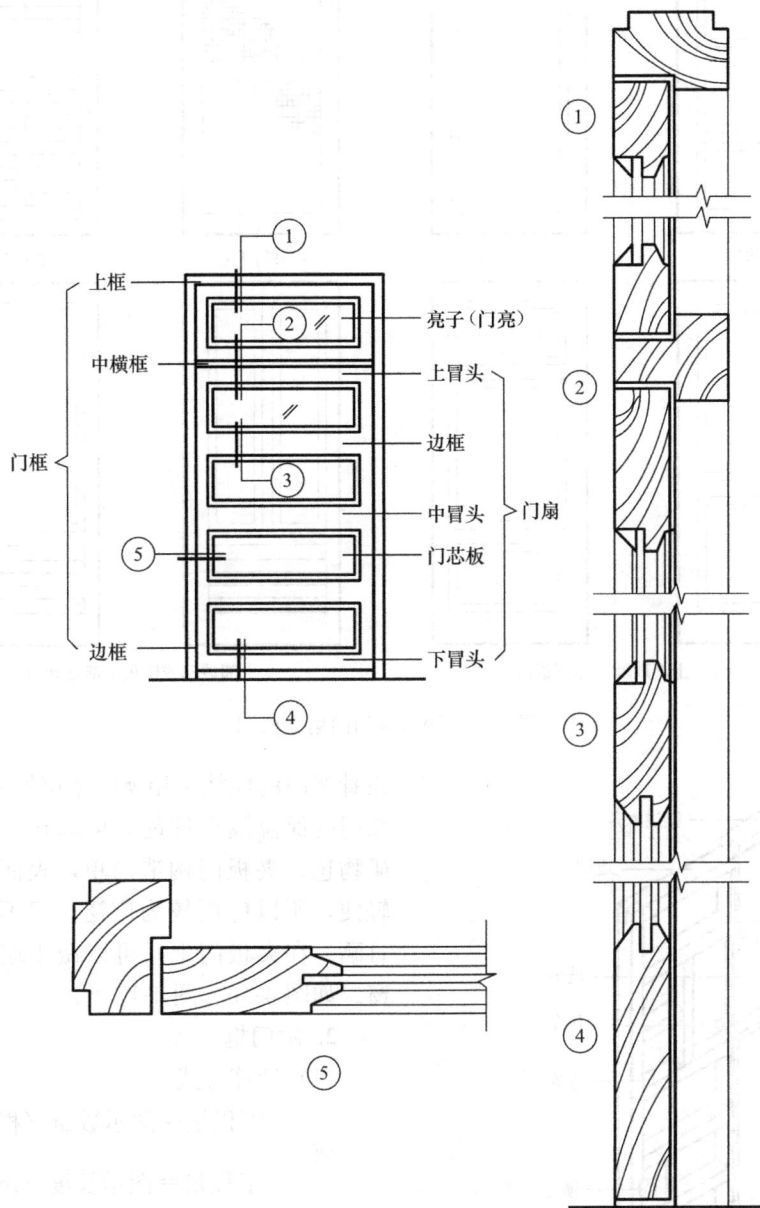

图 4-14　镶板门构造示意图

常见的镶板木门门扇立面图如图 4-15 所示。

（4）胶合板门

胶合板门又名夹板门，用厚 32~35mm，宽 34~60mm 的方木做成轻型骨架，然后在骨架上钉胶合板即成胶合板门。通常用于内门，浴室、厨房等潮湿房间不应采用。当前一些城市为节约木材，使用纤维板代替胶合板，形成纤维板面门。为使夹板门内干燥，可以

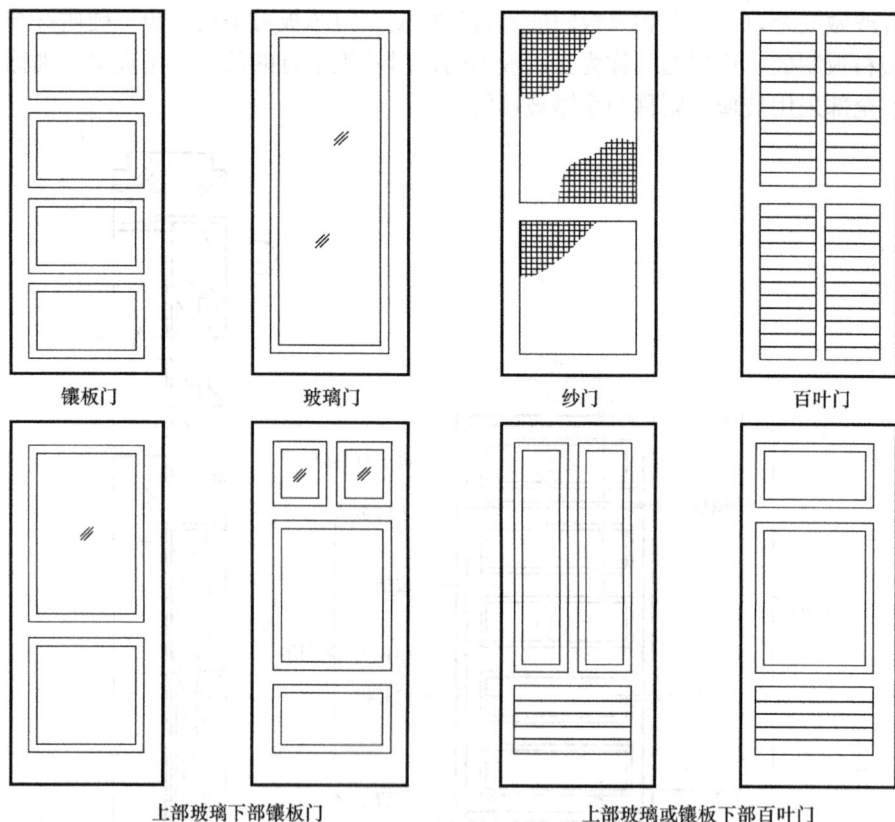

| 镶板门 | 玻璃门 | 纱门 | 百叶门 |

| 上部玻璃下部镶板门 | 上部玻璃或镶板下部百叶门 |

图 4-15　镶板木门门扇立面图

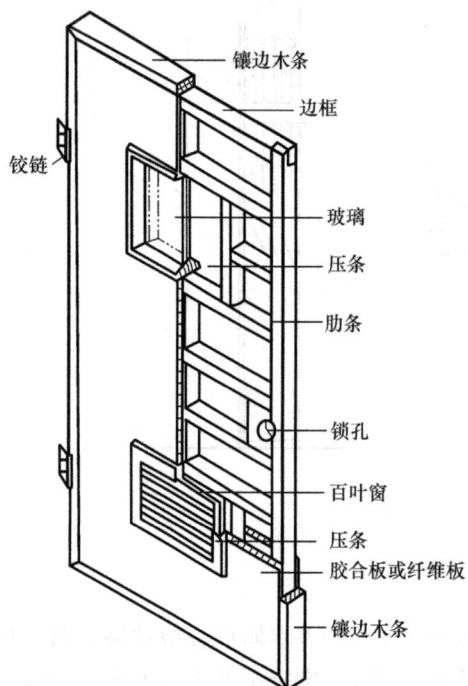

图 4-16　胶合板门构造示意图

镶边木条
边框
铰链
玻璃
压条
肋条
锁孔
百叶窗
压条
胶合板或纤维板
镶边木条

在骨架内的横档上留 $\phi4\sim\phi6$ 的小孔。若需提高门的保温隔声性能，可以在夹板中间填入矿物毡。夹板门构造简单，表面平整，开关轻便，所以应用较为广泛，但不耐潮湿、怕日晒。在夹板门上，可以做小玻璃窗或百叶窗。如图 4-16、图 4-17 所示。

2. 木门框

（1）计算公式

工程量＝图示数量（樘）

或

工程量＝图示长度（m）

（2）工程量计算规则及说明

1）按设计图示数量计算，以樘计量。

2）按设计图示框的中心线以延长米计算，以米计量。

3. 门锁安装

（1）计算公式

工程量＝图示数量（个/套）

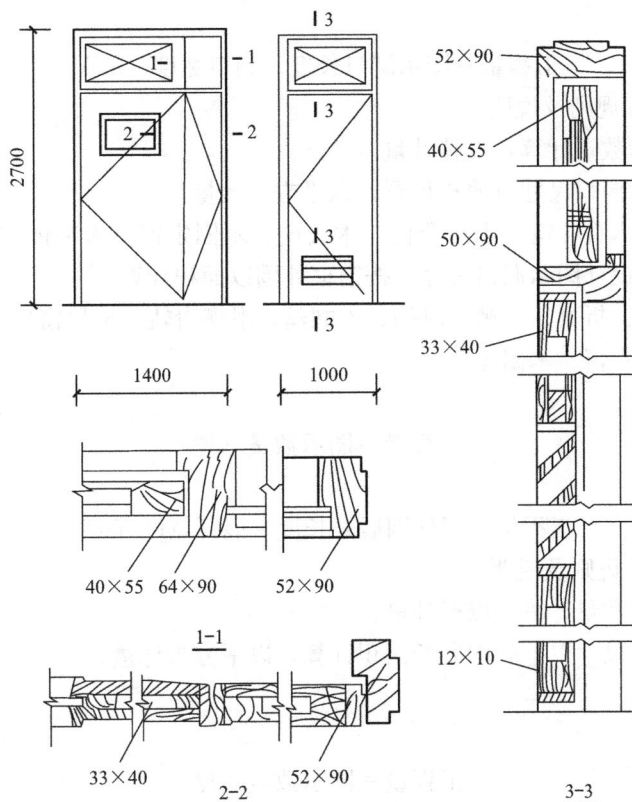

图 4-17 胶合板门构造做法示意图

（2）工程量计算规则

门锁安装工程量按设计图示数量计算。

4. 实木门框、门扇制作安装

（1）计算公式

$$实木门框制作安装工程量 = 门框实际图示设计长度（m）$$
$$门扇制作安装工程量 = 图示高度 \times 设计宽度 \times 个数（m^2）$$
$$装饰门扇及成品门扇工程量 = 门扇个数（扇）$$

（2）工程量计算规则

实木门框制作安装以延长米计算。实木门扇制作安装及装饰门扇制作按扇外围面积计算。装饰门扇及成品门扇安装按扇计算。

1）框扇制作、安装分开计算，便于计算有关费用。

2）"按扇外围面积计算"是指按门扇图示尺寸计算，框尺寸除外。

3）装饰门扇及成品门扇安装按"扇"计算是指计量单位。

5. 木窗

（1）木质窗

1）计算公式

$$工程量 = 图示数量（樘）$$

或

$$工程量＝图示洞口长度×洞口宽度（m^2）$$

2）工程量计算规则及说明

① 按设计图示数量计算，以樘计量。

② 按设计图示洞口尺寸以面积计算，以平方米计量。

木质窗应区分木百叶窗、木组合窗、木天窗、木固定窗、木装饰空花窗等项目列项。以平方米计量，无设计图示洞口尺寸，按窗框外围以面积计算。

木窗五金包括：折页、插销、风钩、木螺丝、滑楞滑轨（推拉窗）等。

（2）木飘（凸）窗、木橱窗

1）计算公式

$$工程量＝图示数量（樘）$$

或

$$工程量＝框外围展开长度×展开宽度（m^2）$$

2）工程量计算规则及说明

① 按设计图示数量计算，以樘计量。

② 按设计图示尺寸以框外围展开面积计算，以平方米计量。

（3）木纱窗

1）计算公式

$$工程量＝图示数量（樘）$$

或

$$工程量＝框外围长度×外围宽度（m^2）$$

2）工程量计算规则及说明

① 按设计图示数量计算，以樘计量。

② 按框的外围尺寸以面积计算，以平方米计量。

4.1.3 金属门、窗工程量

1. 金属门

（1）计算公式

$$工程量＝图示数量（樘）$$

或

$$工程量＝图示洞口长度×宽度（m^2）$$

或

$$工程量＝门窗图示长度×门窗图示宽度（m^2）$$

（2）工程量计算规则

1）清单工程量计算规则及说明

金属（塑钢）门、彩板门、钢质防火门、防盗门工程量按设计图示数量计算，以樘计量；或按设计图示洞口尺寸以面积计算，以平方米计量。

① 金属门应区分金属平开门、金属推拉门、金属地弹门、全玻门（带金属扇框）、金属半玻门（带扇框）等项目列项。

② 铝合金门五金包括：地弹簧、门锁、拉手、门插、门铰、螺丝等。

③ 金属门五金包括：L形执手插锁（双舌）、执手锁（单舌）、门轨头、地锁、防盗门机、门眼（猫眼）、门碰珠、电子锁（磁卡锁）、闭门器、装饰拉手等。

④ 以平方米计量，无设计图示洞口尺寸，按门框、扇外围以面积计算。

2）定额工程量计算规则及说明

防盗门、防盗窗、不锈钢格栅门按框外围面积以平方米计算。"按框外围面积以平方米计算"是指防盗门、防盗窗、不锈钢格栅门按门框设计图示外围尺寸计算。

（3）金属平开门

金属平开门包括钢门平开、铝合金平开门等，分为单扇平开门（带上亮或不带上亮）和双扇平开门（带上亮或不带上亮或带顶窗）几种形式。如图4-18所示。

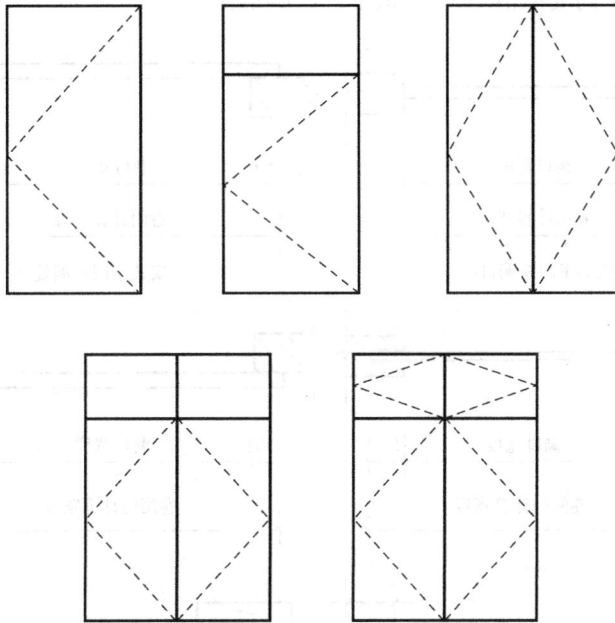

图4-18　金属平开门

1）平开门：指一种靠平开方式关闭或开启的门。

2）单扇平开门：指门是由一扇门扇所组成的，采用平开的方式。

3）双扇平开门：指由两扇门所组成的平开方式的门。

4）单扇平开门的类型：可分为无上亮、带上亮和带顶窗三种。

2. 金属卷帘（闸）门

（1）清单工程量

1）计算公式

$$工程量 = 图示数量（樘）$$

或

$$工程量 = 图示洞口长度 \times 宽度（m^2）$$

2）工程量计算规则

① 按设计图示数量计算，以樘计量。

② 按设计图示洞口尺寸以面积计算，以平方米计量。

（2）定额工程量

1）计算公式

工程量＝门的宽度×（门高度＋600mm）＋卷筒罩展开面积（m²）

2）工程量计算规则及说明

① 卷闸门的卷筒或卷筒罩一般均安装在洞口上方，安装的实际面积要比洞口面积大，因此工程量应另行计算。

② 在安装卷闸门时，卷闸门的宽度可以按门的实际宽度来取定，但高度必须比门的实际高度要高，根据实验测定一般卷闸门的高度要比门的高度高出600mm，有卷筒罩时，卷筒罩工程量还应展开计算合并于卷闸门中。

卷闸门的宽度、高度取值示意图如图4-19所示。

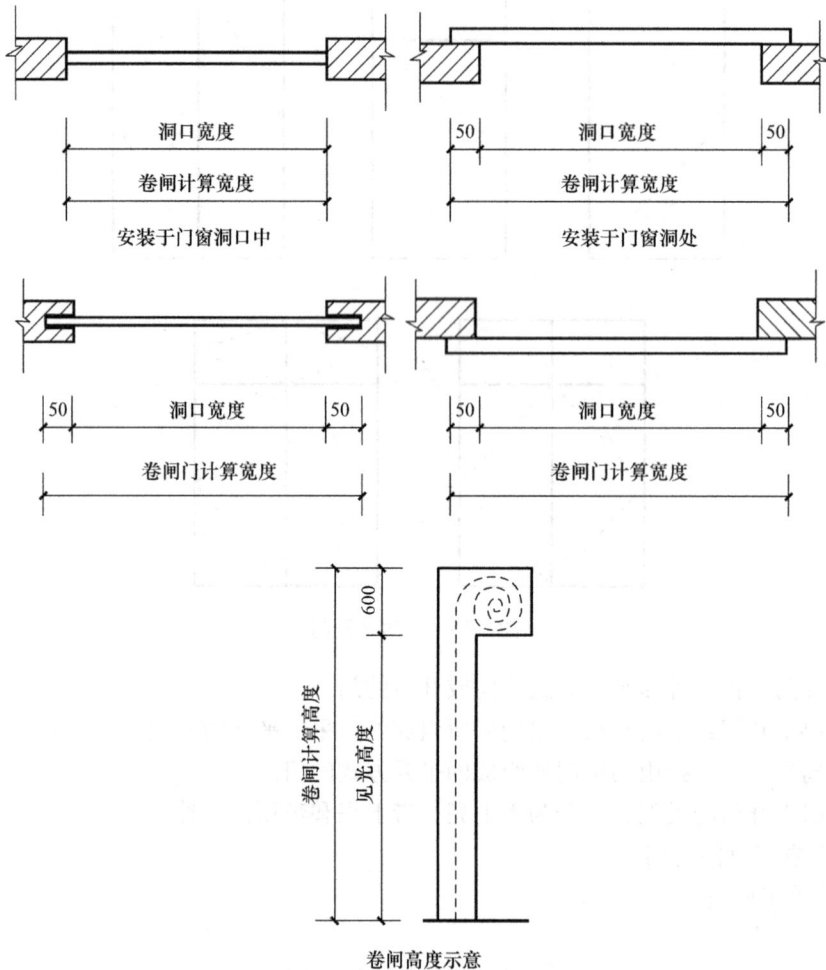

图4-19 卷闸门宽度、高度取值示意图

3. 卷闸门电动装置

（1）计算公式

工程量＝图示数量（套）

（2）工程量计算规则

卷闸门电动装置安装以图示数量计算。

4. 小门安装（卷闸门）

（1）计算公式

$$工程量＝图示数量（个）$$

（2）工程量计算规则

卷闸门小门安装以个计算。

5. 防火卷帘（闸）门

（1）清单工程量

1）计算公式

$$工程量＝图示数量（樘）$$

或

$$工程量＝图示洞口长度×宽度（m^2）$$

2）工程量计算规则

① 按设计图示数量计算，以樘计量。

② 按设计图示洞口尺寸以面积计算，以平方米计量。

（2）定额工程量

1）计算公式

$$成品防火门工程量＝门窗图示长度×门窗图示宽度（m^2）$$

$$防火卷帘门工程量＝图示高度×设计宽度（m^2）$$

2）工程量计算规则及说明

成品防火门以框外围面积计算，防火卷帘门从地（楼）面算至端板顶点乘以设计宽度。

① "以框外围面积计算"是指成品防火门工程量以设计门框外围图示尺寸计算。

② "端板顶点"如图 4-20 所示。

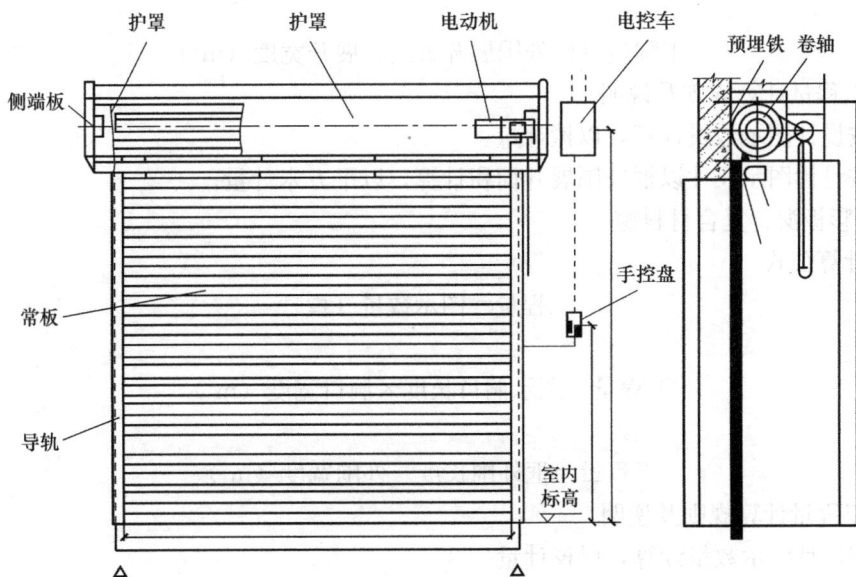

图 4-20　卷帘门构造图

6. 金属窗

（1）金属（塑钢、断桥）窗，金属防火、百叶、格栅窗

1）计算公式

$$工程量＝图示数量（樘）$$

或

$$工程量＝图示洞口长度×洞口宽度（m^2）$$

2）工程量计算规则及说明

① 按设计图示数量计算，以樘计量。

② 按设计图示洞口尺寸以面积计算，以平方米计量。

金属窗应区分金属组合窗、防盗窗等项目列项。以平方米计量，无设计图示洞口尺寸，按窗框外围以面积计算。

金属窗五金包括：折页、螺丝、执手、卡锁、风撑、滑轮、滑轨、拉把、拉手、角码、牛角制等。

（2）金属纱窗

1）计算公式

$$工程量＝图示数量（樘）$$

或

$$工程量＝框外围长度×外围宽度（m^2）$$

2）工程量计算规则及说明

① 按设计图示数量计算，以樘计量。

② 按框的外围尺寸以面积计算，以平方米计量。

（3）金属（塑钢、断桥）橱窗、飘（凸）窗

1）计算公式

$$工程量＝图示数量（樘）$$

或

$$工程量＝框外围展开长度×展开宽度（m^2）$$

2）工程量计算规则及说明

① 按设计图示数量计算，以樘计量。

② 按设计图示尺寸以框外围展开面积计算，以平方米计量。

（4）彩板窗、复合材料窗

1）计算公式

$$工程量＝图示数量（樘）$$

或

$$工程量＝图示洞口长度×洞口宽度（m^2）$$

或

$$工程量＝框外围长度×外围宽度（m^2）$$

2）工程量计算规则及说明

① 按设计图示数量计算，以樘计量。

② 按设计图示洞口尺寸或框外围以面积计算，以平方米计量。

彩板钢门窗的开启方式有平开、固定、中悬、推拉及组合方式等，设计时按产品样本选用。

4.1.4 其他门工程量

1. 木板大门、钢木大门、全钢板大门、金属格栅门、特种门

（1）计算公式

$$工程量＝图示数量（樘）$$

或

$$工程量＝图示洞口长度×宽度（m^2）$$

（2）工程量计算规则及说明

木板大门、钢木大门、全钢板大门、金属格栅门、特种门工程量按设计图示数量计算，以樘计量；或按设计图示洞口尺寸以面积计算，以平方米计量。

1）特种门应区分冷藏门、冷冻间门、保温门、变电室门、隔音门、防射线门、人防门、金库门等项目列项。

2）以平方米计量，无设计图示洞口尺寸，按门框、扇外围以面积计算。

2. 防护铁丝门、钢质花饰大门

（1）计算公式

$$工程量＝图示数量（樘）$$

或

$$工程量＝图示门框长度×宽度（m^2）$$

（2）工程量计算规则

防护铁丝门、钢质花饰大门工程量按设计图示数量计算，以樘计量；或按设计图示门框或扇以面积计算，以平方米计量。

3. 电子、旋转门等

（1）计算公式

$$工程量＝图示数量（樘）$$

或

$$工程量＝图示洞口长度×宽度（m^2）$$

（2）工程量计算规则及说明

电子感应门、旋转门、电子对讲门、电动伸缩门、全玻自由门、镜面不锈钢饰面门、复合材料门工程量按设计图示数量计算，以樘计量；或按设计图示洞口尺寸以面积计算，以平方米计量。

1）以樘计量，项目特征必须描述洞口尺寸，没有洞口尺寸必须描述门框或扇外围尺寸；以平方米计量，项目特征可不描述洞口尺寸及框、扇的外围尺寸。

2）以平方米计量，无设计图示洞口尺寸，按门框、扇外围以面积计算。

4.1.5 门、窗配件工程量

1. 门窗套、筒子板

（1）计算公式

$$工程量＝图示数量（樘）$$

或

$$\text{工程量} = \text{图示展开长度} \times \text{展开宽度（m}^2)$$

或

$$\text{工程量} = \text{图示长度（m）}$$

（2）工程量计算规则及说明

木门窗套、木筒子板、饰面夹板筒子板、金属门窗套、石材门窗套、成品木门窗套工程量按设计图示数量计算，以樘计量；或按设计图示尺寸以展开面积计算，以平方米计量；或按设计图示中心以延长米计算，以米计量。

门窗套是指门窗洞口的两个立边垂直面可以凸出外墙形成边框，也可以与外墙齐平，就相当于在窗外罩一个正规的套子。门窗套包括筒子板和贴脸，与墙连接在一起。如图 4-21 所示，门窗套包括 A 面和 B 面；筒子板指 A 面，贴脸指 B 面。

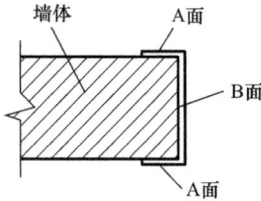

图 4-21　门窗套构造图

A 面—门窗贴脸；B 面—筒子板；

A+B—门窗套

2. 门窗木贴脸

（1）计算公式

$$\text{工程量} = \text{图示数量（樘）}$$

或

$$\text{工程量} = \text{图示长度（m）}$$

（2）工程量计算规则及说明

1）按设计图示数量计算，以樘计量。

2）按设计图示尺寸以延长米计算，以米计量。

门窗贴脸是指当门窗框与内墙面平齐时，总有一条与墙面的明显的缝口，在门窗使用筒子板时也存在这个缝口，为了遮盖此缝口而装订的木板盖缝条。

3. 窗台板

（1）计算公式

$$\text{工程量} = \text{图示展开长度} \times \text{展开宽度（m}^2)$$

（2）工程量计算规则及说明

木窗台板、铝塑窗台板、金属窗台板、石材窗台板工程量按设计图示尺寸以展开面积计算。

在窗台部分用砖平砌，并凸出墙面或用预制钢筋混凝土板平放在窗台面上或用木板平放在窗台面上等都叫窗台板，即窗台面上凸出墙面的平板。它的作用是引导窗台面上的雨水流向墙外，并保护台面整洁，所以外窗台板一般都略向外倾斜。窗台板厚一般为 30～40mm，挑出墙面一般为 30～40mm。窗台板可以采用木板、水磨石板、大理石板或其他装饰板等。窗台板构造示意图如图 4-22 所示。

4. 窗帘

（1）计算公式

$$\text{工程量} = \text{图示长度（m）}$$

或

$$\text{工程量} = \text{图示展开长度} \times \text{展开宽度（m}^2)$$

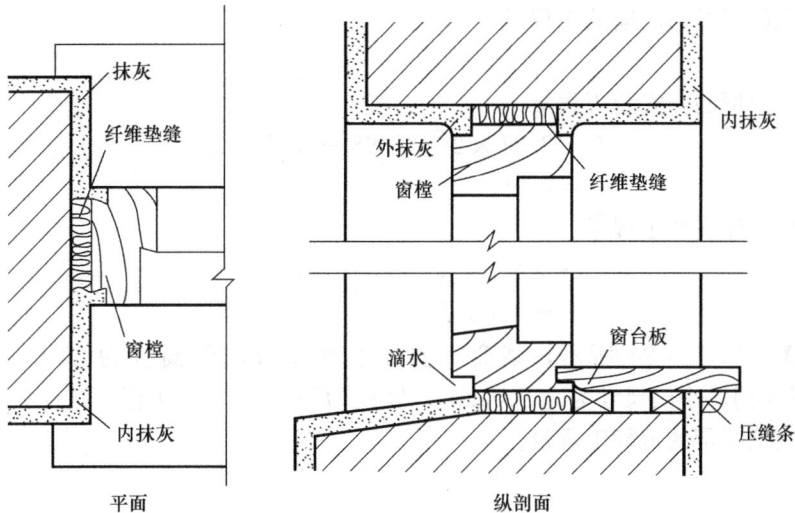

图 4-22　窗台板构造示意图

（2）工程量计算规则

1）按设计图示尺寸以成活后长度计算，以米计量。

2）按图示尺寸以成活后展开面积计算，以平方米计量。

5. 窗帘盒、窗帘轨

（1）计算公式

$$工程量＝图示长度（m）$$

（2）工程量计算规则及说明

木窗帘盒、饰面夹板、塑料窗帘盒、铝合金窗帘盒、窗帘轨工程量按设计图示尺寸以长度计算。

1）窗帘盒：用木材或塑料等材料制成，安装于窗子上方，用以遮挡、支撑窗帘杆（轨）、滑轮和拉线等的盒形体。所用材料有：木板、金属板、PVC 塑料板等。当吊顶低于窗上口时，吊顶在窗洞口处留出凹槽，装上导轨代替窗帘盒、窗帘盒的长度应为窗口宽度加 $200 \times 2mm = 400mm$，窗帘盒的深度应视窗帘层数而定，一般为单层窗帘取 140mm，双层窗帘取 200mm 左右，窗帘盒的高度一般为 $140 \sim 200mm$，窗帘盒通过铁件固定在过梁上或过梁上部的墙体上。与吊顶结合的窗帘盒支架与吊顶龙骨固定，有时窗帘盒内设暗灯槽，使窗帘盒形成反光槽，以增加室内的光影变化。

木窗帘盒是一种为吊挂窗帘而在窗户内侧顶上设置的长条木质盒子。

木窗帘盒有明、暗两种。明窗帘盒整个露明，一般是先加工成半成品，再在施工现场安装；暗窗帘盒的仰视部分露明，适用于吊顶的房间。窗帘盒里悬挂窗帘，普遍采用帘轨道，轨道有单轨、双轨或三轨。

2）窗帘轨：高级建筑和民用住宅室内窗用拉帘装置。一般采用薄钢板（带）或铝合金型材制成。

4.2　门窗工程工程量手算实例解析

【例 4-1】　某酒店包房门为实木门扇及门框，如图 4-23 所示。根据已知条件，试分别计算双开防火门门框与门扇的工程量。

【解】

（1）实木门框制作安装工程量

$$L = 2.07 \times 2 + (0.98 - 0.07 \times 2)$$
$$= 4.98 \text{m}$$

（2）门扇制作安装工程量

$$S = 2.0 \times (0.98 - 0.07 \times 2)$$
$$= 1.68 \text{m}^2$$

【例 4-2】 如图 4-24 所示，某商场安装电动卷帘门的高度为 3000mm，宽度为 2700mm，带小门，小门尺寸为高 2000mm，宽度为 900mm，共 4 樘，试计算卷帘门的清单工程量以及消耗量的定额工程量。

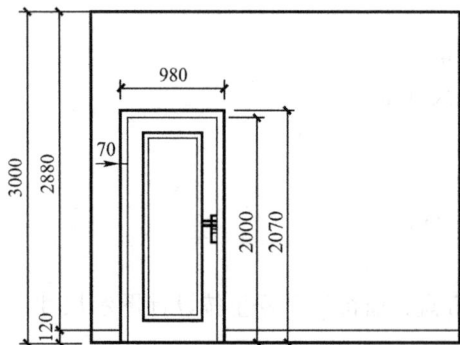

图 4-23 双开防火门立面图（单位：mm）

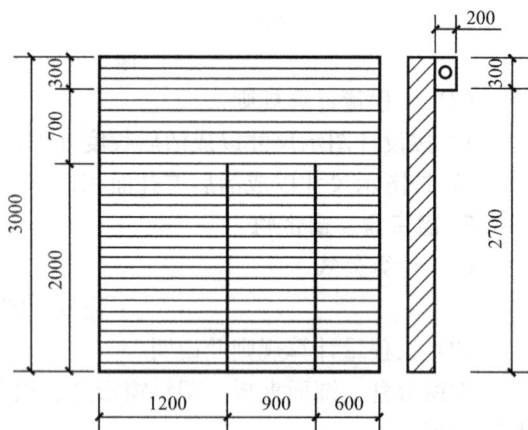

图 4-24 电动卷帘门

【解】

（1）清单工程量

工程量：4 樘。

（2）消耗量定额工程量

$$S = (2.7 \times 3 + 2.7 \times 0.2 \times 2 + 0.2 \times 0.3 \times 2) \times 4$$
$$= 37.20 \text{m}^2$$

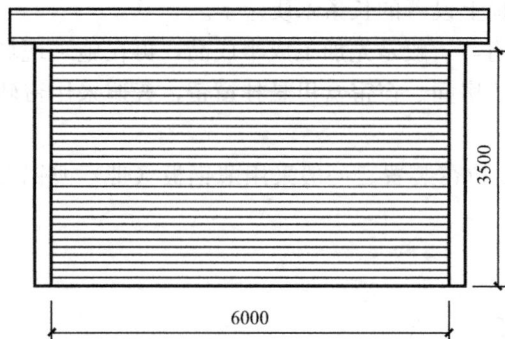

图 4-25 某大型超市的卷闸门立面图

【例 4-3】 图 4-25 为某大型超市的卷闸门示意图，经安装时测量，卷筒罩展开面积为 5m²，试根据计算规则，计算该卷闸门的工程量。

【解】

$$S = 6 \times (3.5 + 0.6) + 5$$
$$= 29.6 \text{m}^2$$

【例 4-4】 有一推拉式钢木大门如图 4-26 所示。如图已知洞口宽 3300mm，洞口高 3800mm，共有 12 樘。现根据已知条件，试计算该钢木大门的工程量。

【解】

$$S = 3.3 \times 3.8 \times 12$$
$$= 150.48 \text{m}^2$$

【例 4-5】 某房间安装不锈钢格栅门，如图 4-27 所示，已知尺寸为 1500mm×2250mm，共 4 樘。试根据已知条件计算工程量。

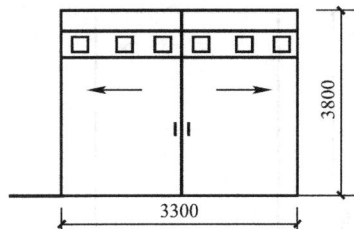

图 4-26　推拉门示意图

【解】

（1）清单工程量

不锈钢格栅门工程量：4 樘。

（2）不锈钢格栅门定额工程量

$$S = 1.5 \times 2.25 \times 4$$
$$= 13.5 \text{m}^2$$

【例 4-6】 已知某营业大厅安装电子感应自动门 5 樘，如图 4-28 所示。请计算其工程量。

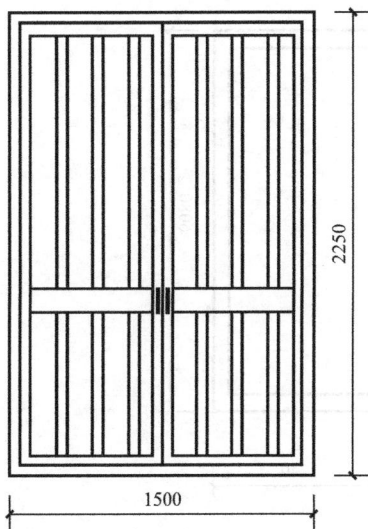

图 4-27　不锈钢格栅门

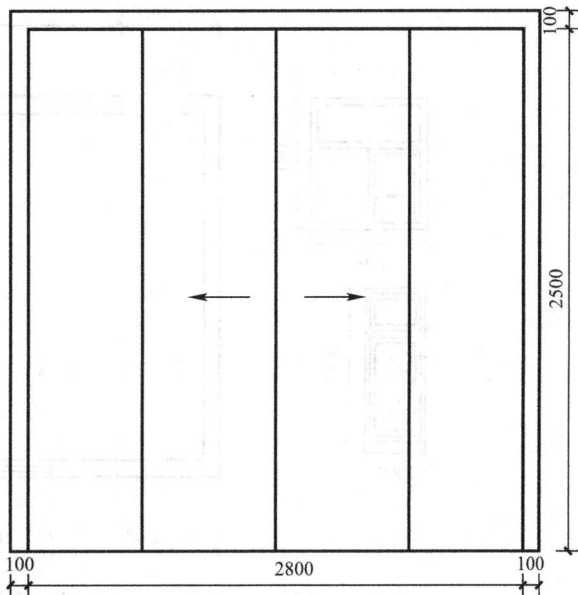

图 4-28　电子感应自动门

【解】

（1）清单工程量

电子感应门清单工程量：5 樘

（2）电子感应门定额工程量

$$S = (2.8 + 0.1 \times 2) \times (2.5 + 0.1) \times 5$$
$$= 39 \text{m}^2$$

【例 4-7】 冷藏库门尺寸如图 4-29 所示，保温层厚 120mm，根据已知条件，试计算门扇的工程量。

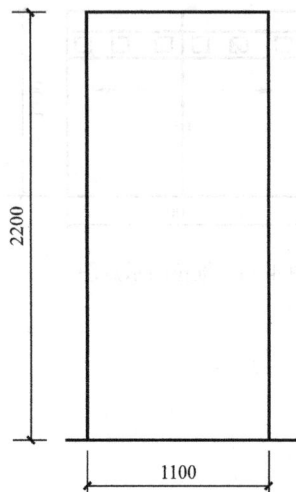

图 4-29 冷藏库门

【解】

（1）清单工程量

冷藏库门清单工程量：1 樘

（2）冷藏库门定额工程量

$$S = 2.2 \times 1.1$$
$$= 2.42m^2$$

【例 4-8】 某会议室安装铝合金门窗，如图 4-30 所示。已知有 10 樘门，有 7 樘窗，试根据已知条件计算门窗的工程量。

M：2400mm×1000mm

C：2100mm×1800mm

【解】

（1）地弹门

1）清单工程量

地弹门清单工程量：10 樘。

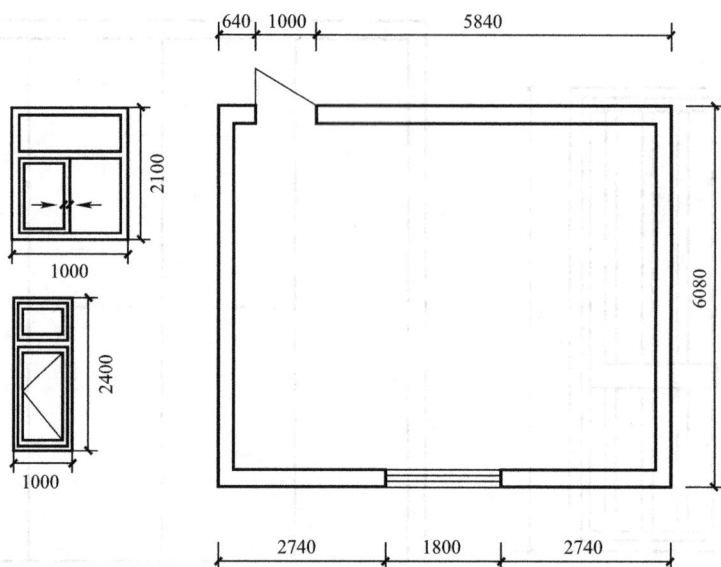

图 4-30 某会议室铝合金门窗

2）地弹门定额工程量

$$S = 2.4 \times 1.0 \times 10$$
$$= 24m^2$$

（2）铝合金窗

1）清单工程量

铝合金推拉窗清单工程量：7 樘。

2）铝合金推拉窗定额工程量

$$S = 2.1 \times 1.8 \times 7$$
$$= 26.46m^2$$

【例 4-9】 如图 4-31 所示为某公司的不锈钢电动伸缩门，电动伸缩门长为 12m，钢轨为 20m，共 5 樘。根据已知条件，试计算工程量。

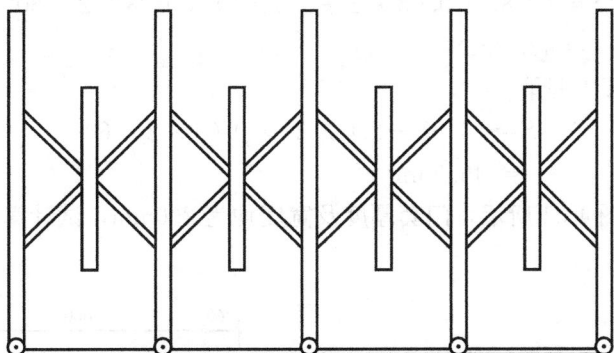

图 4-31 不锈钢电动伸缩门

【解】

清单工程数量：5 樘。

【例 4-10】 某大厦安装塑钢门窗工程，门洞及窗洞示意图如图 4-32 所示，门洞口尺寸为 1900mm×2500mm，窗洞口尺寸为 1500mm×2100mm，不带纱扇，试计算门窗安装的工程量。

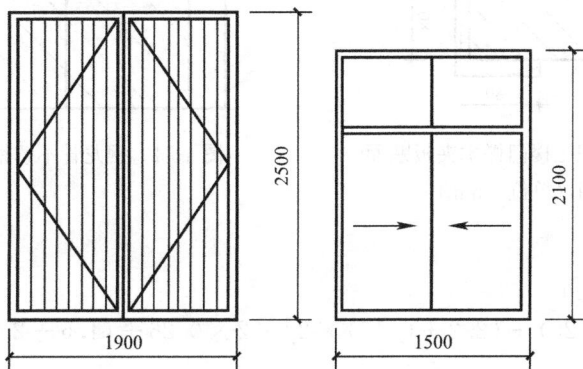

图 4-32 塑钢门、窗示意图

【解】

（1）塑钢门工程量

$$S = 1.9 \times 2.5$$
$$= 4.75\text{m}^2$$

（2）塑钢窗工程量

$$S = 1.5 \times 2.1$$
$$= 3.15\text{m}^2$$

【例 4-11】 已知某职工楼共有 850mm×2000mm 的门洞 60 樘，若门内外钉贴细木工板门套、贴脸（不带龙骨），榉木夹板贴面，尺寸如图 4-33 所示，试计算此工程门窗木贴脸及榉木筒子板清单工程量。

【解】

（1）门窗木贴脸工程量

$$S = (0.85 + 0.08 \times 2 + 2.0 \times 2) \times 0.08 \times 2 \times 60$$
$$= 48.10\text{m}^2$$

（2）榉木筒子板工程量

$$S = (0.85 + 2.0 \times 2) \times 0.08 \times 2 \times 60$$
$$= 46.56\text{m}^2$$

【例 4-12】 如图 4-34 所示，门套厚度及宽度均为 260mm，试计算钢龙骨不锈钢门框工程量。

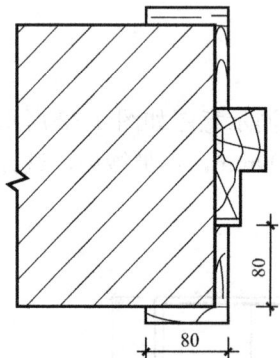

图 4-33 某职工楼门榉木夹板贴面示意图（单位：mm）

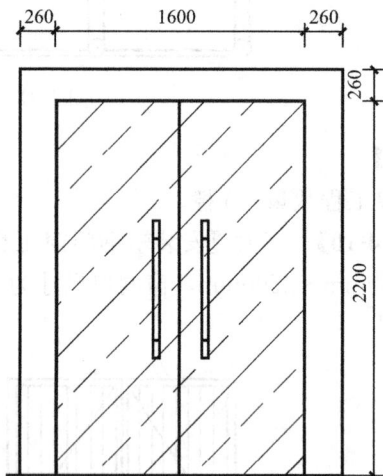

图 4-34 钢龙骨不锈钢门框示意图

【解】

不锈钢门框工程量

$$S = [(1.6 + 0.26) + (2.2 + 0.13) \times 2] \times 2 \times 0.26 + (1.6 + 2.2 \times 2) \times 0.26$$
$$= 4.95\text{m}^2$$

【例 4-13】 某工程有 20 个窗户，其窗帘盒为木制，如图 4-35 所示。试计算窗帘盒工程量。

【解】

$$L = (1.5 + 0.3 \times 2) \times 20$$
$$= 42\text{m}$$

【例 4-14】 某办公楼房间门贴脸及门套图如图 4-36 所示，根据图中所给出的已知条件，试计算门套的定额工程量。

【解】

$$S = [(2.1 + 0.08) \times 2 + 0.9] \times 2 \times 0.08 + 0.32 \times (2.1 \times 2 + 0.9)$$
$$= 2.47\text{m}^2$$

【例 4-15】 如图 4-37 所示，某酒店窗台板为蝴蝶兰花岗石，窗台长 3800mm，试计算其窗台板的工程量。

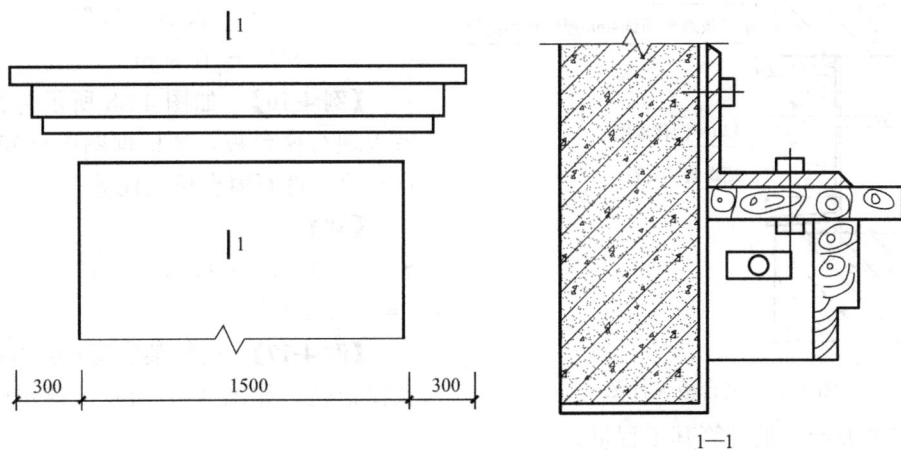

图 4-35　某工程木质窗帘盒立面图及剖面图

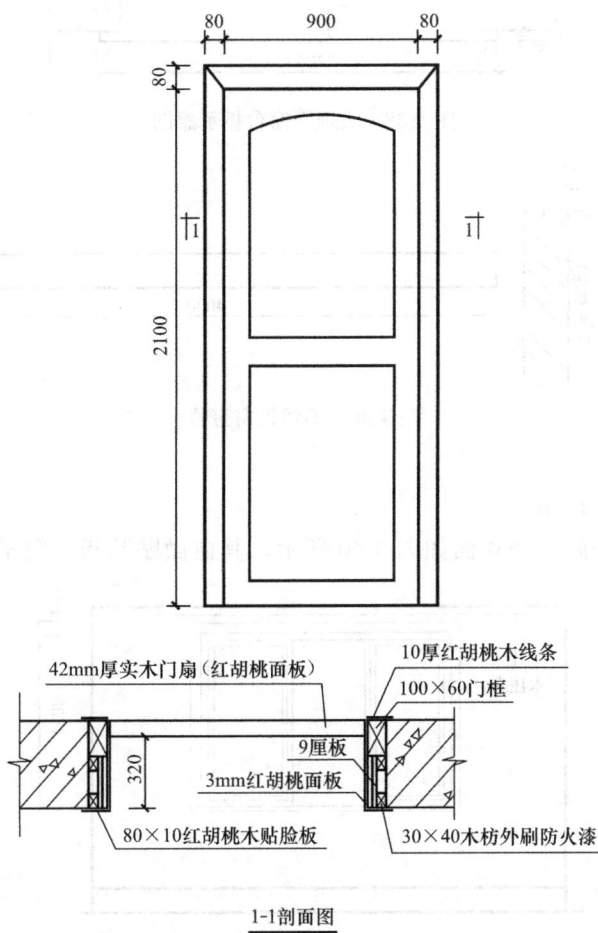

1—1剖面图

图 4-36　实木门大样图

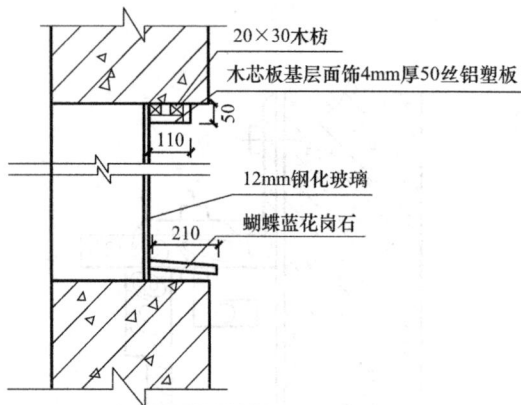

图 4-37 窗台板大样图

长度为 4000mm。请计算其工程量。

【解】

$$S = 0.21 \times 3.8$$
$$= 0.80 m^2$$

【例 4-16】 如图 4-38 所示为某办公室大理石窗台板,请根据图中已知条件,试计算大理石窗台板工程量。

【解】

$$S = 2.2 \times 0.2 + (2.2 + 0.12 \times 2) \times 0.06$$
$$= 0.59 m^2$$

【例 4-17】 已知某房间安装不锈钢通长窗帘轨,如图 4-39 所示,窗帘轨实际

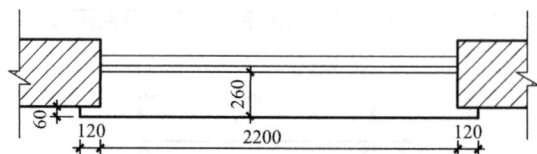

图 4-38 大理石窗台板示意图

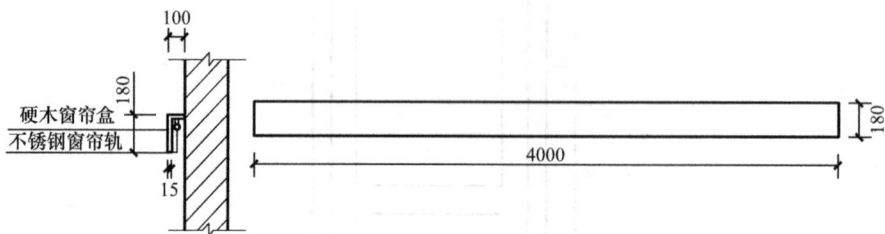

图 4-39 不锈钢窗帘轨

【解】

窗帘轨工程量:4.0m

【例 4-18】 某房间一侧立面如图 4-40 所示,其窗做贴脸板、筒子板及窗台板,墙角

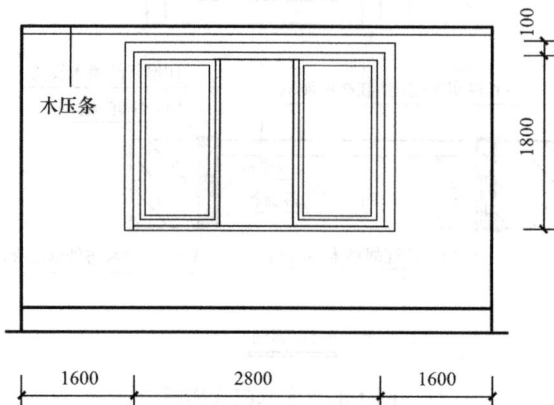

图 4-40 某房间一侧立面图

做木压条，其中窗台板宽 150mm，筒子板宽 120mm。试根据已知条件分别计算贴脸板工程量，筒子板工程量，窗台板工程量以及木压条工程量。

【解】

（1）贴脸板工程量

$$S = [(1.8 + 0.1 \times 2) \times 2 + 2.8 + 0.1 \times 2] \times 0.1$$
$$= 0.7 m^2$$

（2）筒子板工程量

$$S = (2.8 + 1.8 \times 2) \times 0.12$$
$$= 0.77 m^2$$

（3）窗台板工程量

$$S = 2.8 \times 0.15$$
$$= 0.42 m^2$$

（4）木压条工程量

$$L = 1.6 + 1.6 + 2.8$$
$$= 6.0 m$$

【例 4-19】 某工程某户居室门窗布置如图 4-41 所示，该房屋共有门六扇，窗四扇。具体数值请参照表 4-2。现根据已知条件，试分别计算成品钢制防盗门，成品实木门带套，成品半开塑钢窗以及成品塑钢门的工程量（包括成品门套的工程量）。

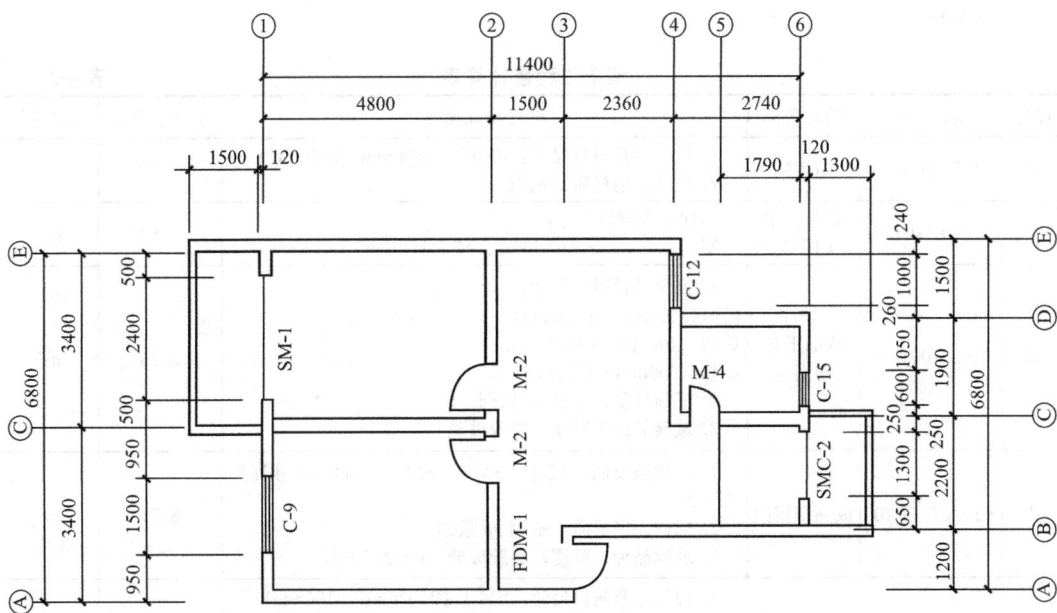

图 4-41　某户居室门窗平面布置图（单位：mm）

名　　称	代号	洞口尺寸（mm）	备注
成品钢质防盗门	FDM-1	800×2100	含锁、五金
成品实木门带套	M-2	800×2100	含锁、普通五金
	M-4	700×2100	
成品平开塑钢窗	C-9	1500×1500	夹胶玻璃（6+2.5+6），型材为钢塑90系列，普通五金
	C-12	1000×1500	
	C-15	600×1500	
成品塑钢门带窗	SMC-2	门（700×2100）、窗（600×1500）	
成品塑钢门	SM-1	2400×2100	

【解】

（1）成品钢质防盗门工程量

$$S = 0.8 \times 2.1$$
$$= 1.68 \text{m}^2$$

（2）成品实木门带套工程量

$$S = 0.8 \times 2.1 \times 2 + 0.7 \times 2.1 \times 1$$
$$= 4.83 \text{m}^2$$

（3）成品平开塑钢窗工程量

$$S = 1.5 \times 1.5 + 1 \times 1.5 + 0.6 \times 1.5 \times 2$$
$$= 5.55 \text{m}^2$$

（4）成品塑钢门工程量

$$S = 0.7 \times 2.1 + 2.4 \times 2.1$$
$$= 6.51 \text{m}^2$$

（5）成品门套工程量

$n = 1$ 樘

清单工程量计算表　　　　　　表 4-3

序号	项目编码	项目名称	项目特征描述	工程量合计	计量单位
1	010702004001	防盗门	1. 门代号及洞口尺寸：FDM-1（800mm×2100mm） 2. 门框、扇材质：钢质	1.68	m²
2	010801002001	成品实木门带套	门代号及洞口尺寸： M-2（800mm×2100mm）、M-4（700mm×2100mm）	4.83	m²
3	010807001001	成品平开塑钢窗	1. 窗代号及洞口尺寸： C-9（1500mm×1500mm） C-12（1000mm×1500mm） C-15（600mm×1500mm） 2. 框扇材质：塑钢90系列 3. 玻璃品种、厚度：夹胶玻璃（6+2.5+6）	5.55	m²
4	010802001001	成品塑钢门	1. 门代号及洞口尺寸：SM-1、SMC-2；洞口尺寸详见表4-2 2. 门框、扇材质：塑钢90系列 3. 玻璃品种、厚度：夹胶玻璃（6+2.5+6）	6.51	m²
5	010808007001	成品门套	1. 门代号及洞口尺寸：SM-1（2400mm×2100mm） 2. 门套展开宽度：350mm 3. 门套材料品种：成品实木门套	1	樘

5 天棚工程手工算量与实例精析

5.1 天棚工程工程量手算方法

5.1.1 天棚的构造与类型

1. 天棚吊顶的构造

悬吊装配式天棚的构造主要由基层、悬吊件、龙骨和面层组成，如图5-1所示。

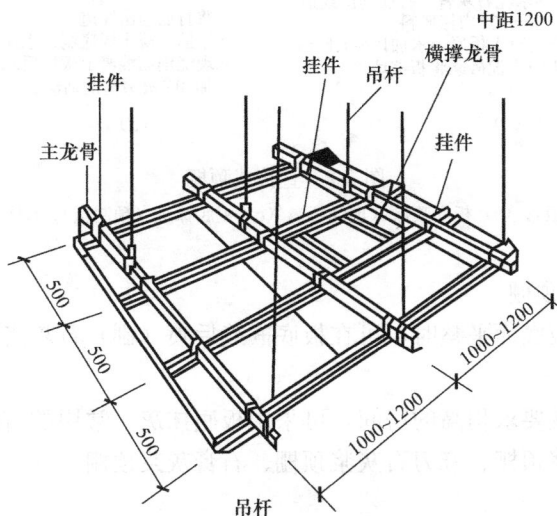

图 5-1 吊顶构造示意图（单位：mm）

（1）基层

基层为建筑物结构件，主要为混凝土楼（顶）板或屋架。

（2）悬吊件

悬吊件是悬吊式天棚与基层连接的构件，一般埋在基层内，属于悬吊式天棚的支承部分。其材料可以根据天棚不同的类型选用镀锌铁丝、钢筋、型钢吊杆（包括伸缩式吊杆）等。

（3）龙骨

龙骨是固定天棚面层的构件，并将承受面层的重量传递给支承部分。

（4）面层

面层是天棚的装饰层，使天棚达到既具有吸声、隔热、保温、防火等功能，又具有美化环境的效果。

2. 天棚的类型

顶棚按其构造方式有直接式顶棚和悬挂式顶棚两种类型。

（1）直接式顶棚

直接式顶棚是直接在楼板之下做抹灰、粉刷、粘贴装饰面材的装修，包括一般楼板板底、屋面板板底直接喷刷、抹灰、贴面，如图 5-2 所示。

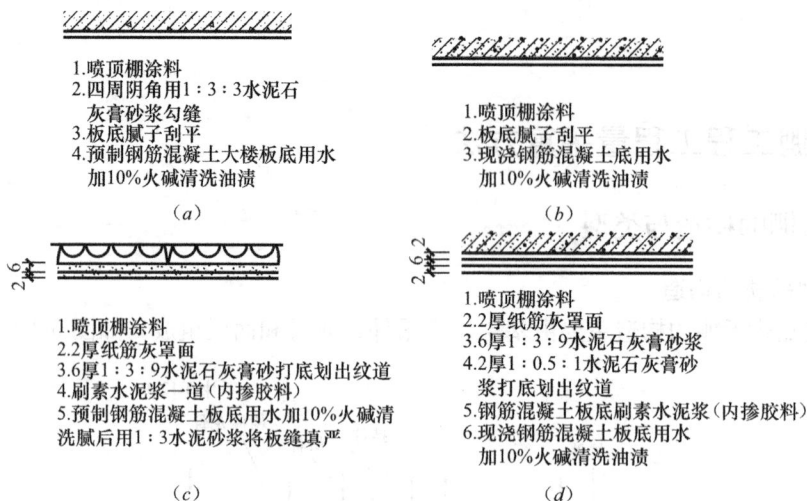

图 5-2 直接式顶棚

（a）板底喷涂（预制板）；（b）板底喷涂（现浇板）；（c）板底抹灰（预制板）；（d）板底抹灰（现浇板）

1）直接喷刷涂料顶棚

当要求不高或楼板底面平整时，可在板底嵌缝后喷（刷）石灰浆或涂料二道。

2）直接抹灰顶棚

对板底不够平整或要求稍高的房间，可采用板底抹灰，常用的有纸筋石灰浆顶棚、混合砂浆顶棚、水泥砂浆顶棚、麻刀石灰浆顶棚、石膏灰浆顶棚。

3）直接贴面顶棚

对某些装修标准较高或有保温吸声要求的房间，可在板底直接粘贴装饰吸声板、石膏板、塑胶板等。

（2）悬挂式顶棚

在较大空间和装饰要求较高的房间中，因建筑声学、保温隔热、清洁卫生、管道敷设、室内美观等特殊要求，常用顶棚把屋架、梁板等结构构件及设备遮盖起来，形成一个完整的表面。由于顶棚是采用悬吊方式支承于屋顶结构层或楼板层的梁板之下，所以称之为悬吊式顶棚（简称吊顶），一般由吊杆（吊筋）、龙骨和吊顶面层组成，如图 5-3 和图 5-4 所示。

3. 各种吊顶构造

按吊顶的承载能力，可分为上人吊顶和不上人吊顶。上人吊顶应能承受 $80\sim100\mathrm{kgf/m^2}$ 的集中载荷；不上人吊顶则只考虑吊顶本身的重。按吊顶罩面板接缝的宽窄，可分为离缝吊顶和密缝吊顶。按吊顶形状，可分为平吊顶、人字形吊顶、斜面吊顶和变高度吊顶。

图 5-5 所示为各种吊顶的构造示意图，图 5-6 所示为几种特殊艺术造型天棚示意图。

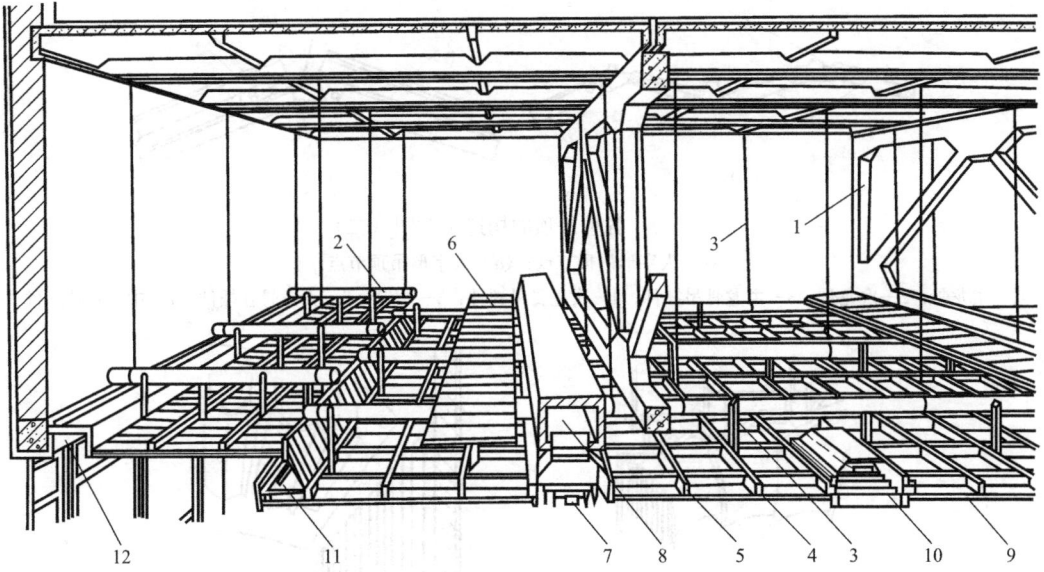

图 5-3 吊顶悬挂于屋面下构造示意图

1—屋架；2—主龙骨；3—吊筋；4—次龙骨；5—间距龙骨；6—检修走道；
7—出风口；8—风道；9—吊顶面层；10—灯具；11—灯槽；12—窗帘盒

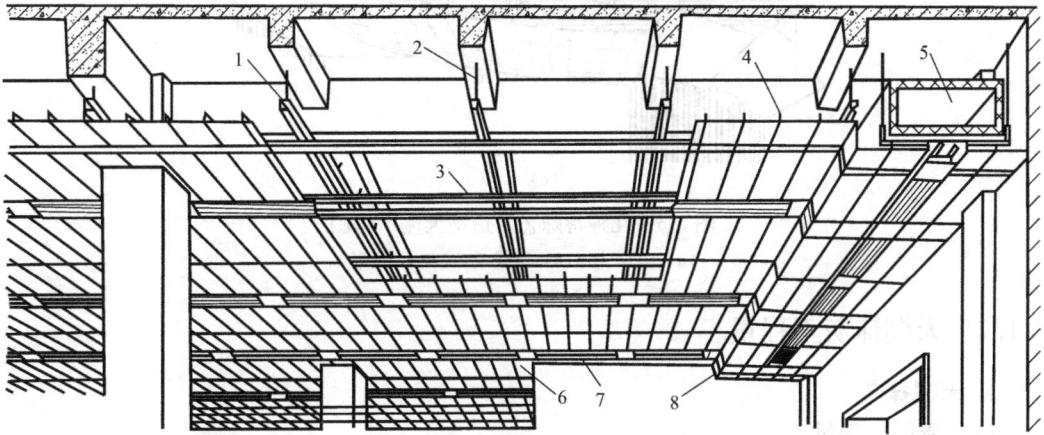

图 5-4 吊顶悬挂于楼板底构造示意图

1—主龙骨；2—吊筋；3—次龙骨；4—间距龙骨；5—风道；6—吊顶面层；7—灯具；8—出风口

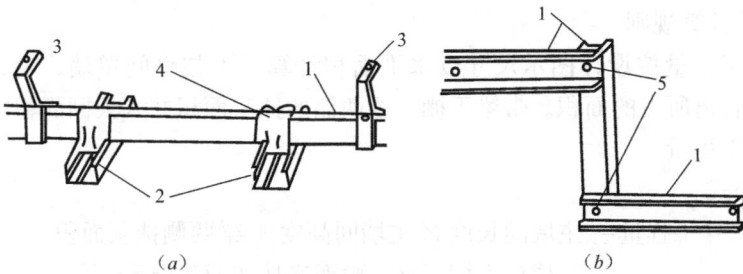

（a）   （b）

图 5-5 各种吊顶的构造示意图（一）

（a）斜面吊顶节点；（b）变高度吊顶节点

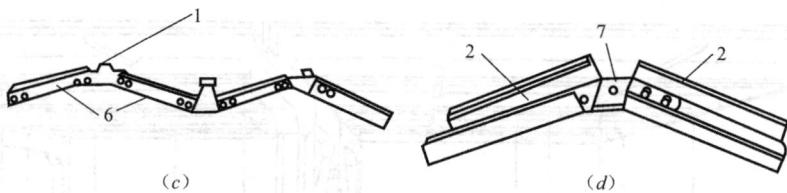

图 5-5 各种吊顶的构造示意图（二）

(c) 人字形吊顶节点；(d) 人字形吊顶节点

1—主龙骨；2—次龙骨；3—主龙骨吊挂件；4—次龙骨吊挂件；5—螺钉；6—大龙骨挂插件；7—中龙骨挂插件

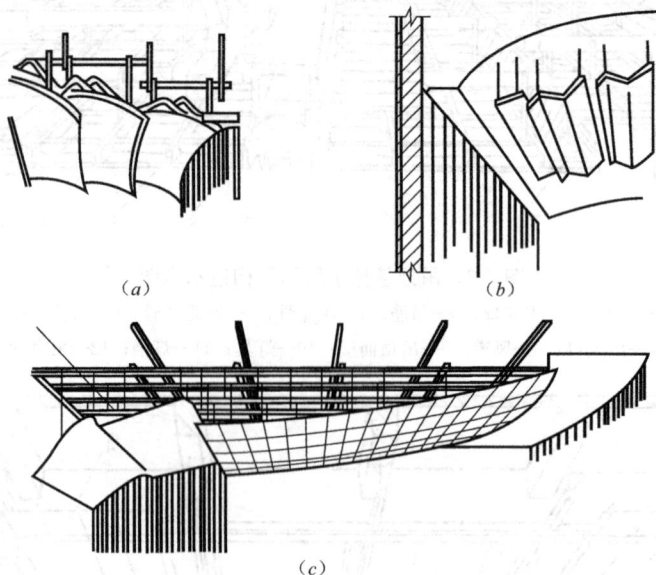

图 5-6 几种特殊艺术造型天棚示意图

(a) 分层式；(b) 折线式；(c) 曲线形

5.1.2 天棚抹灰工程量

1. 天棚抹灰

（1）清单工程量

1）计算公式

$$工程量 = 图示抹灰长度 \times 抹灰高度 + 梁两侧抹灰面积（m^2）$$

2）工程量计算规则

天棚抹灰工程量按设计图示尺寸以水平面积计算。不扣除间壁墙、垛、柱、附墙烟囱、检查口和管道所占的面积。带梁天棚、梁两侧的抹灰面积并入天棚面积内。

（2）定额工程量

1）计算公式

$$工程量 = 主墙间长度 \times 主墙间高度 + 梁两侧抹灰面积$$
$$+ 檐口天棚、阳台、雨棚底抹灰面积（m^2）$$

2）工程量计算规则

天棚抹灰工程量按主墙间的净面积计算，不扣除间壁墙、垛、柱、附墙烟囱、检查口和管道所占的面积。带梁天棚梁两侧的抹灰面积，并入天棚抹灰工程量内计算。

① 密肋梁和井字梁天棚，其抹灰面积按展开面积计算。

② 檐口天棚及阳台、雨篷底的抹灰面积并入相应的天棚抹灰工程量内计算。

③ 天棚中的折线、灯槽线，圆弧形线、拱形线等艺术形式的抹灰，按展开面积计算。

2. 天棚基层

（1）计算公式

工程量＝（楼梯间宽－主墙厚）×（楼梯间长轴线－主墙厚）＋凸凹面展开面积

　　　　－大于 $0.3m^2$ 的孔洞、独立柱、灯槽及窗帘盒面积（m^2）

（2）工程量计算规则

天棚基层工程量按展开面积计算。

1）预算中的"天棚基层"是指安装在主次龙骨面上作为面层底衬的胶合板或石膏板。

2）以"展开面积"计算是指把天棚凹凸面等展开后的全部面积合并计算。

3）天棚基层计算中需要扣除和不需要扣除的部分同天棚面层。

3. 天棚装饰面层

（1）计算公式

工程量＝（楼梯间宽－主墙厚）×（楼梯间长轴线－主墙厚）＋各展开面积

　　　　－大于 $0.3m^2$ 的孔洞、独立柱、灯槽及窗帘盒面积（m^2）

（2）工程量计算规则及说明

天棚装饰面层工程量按主墙间实钉（胶）面积以平方米计算，不扣除间壁墙、检查口、附墙烟囱、垛和管道所占面积，但应扣除 $0.3m^2$ 以上的孔洞、独立柱、灯槽及与天棚相连的窗帘盒所占面积。

1）"天棚装饰面层按主墙间实钉（胶）面积以平方米计算"是指以天棚主墙间实际钉（胶）的各展开面的面积计算。

2）"不扣除间壁墙、检查口、附墙烟囱、垛和管道所占面积"是指为了简化计算，无论面层做于间壁墙之外还是间壁墙之上，在定额中已经包含了这部分的消耗，因此计算时不需扣除。"检查口、附墙烟囱、垛和管道"所占面积很小，在 $0.3m^2$ 以内，定额中也已考虑其工料消耗，计算时不必扣除，也不必另算。

3）"应扣除 $0.3m^2$ 以上的孔洞、独立性、灯槽及与天棚相连的窗帘盒所占面积"是指这部分面积较大，计算天棚面层工程量时应予以扣除。需要注意的是如果窗帘盒做于面层之上，其所占面积不能扣除。天棚中的灯槽可按"其他工程"中的灯槽定额子目计算，但饰面层按展开面积合并在天棚面的饰面工程量中计算。天棚中的折线、迭落等圆弧形、拱形、艺术形式天棚的饰面，均按展开面积计算。

4. 板式楼梯底面的装饰

（1）清单工程量

1）计算公式

板式楼梯底面工程量＝楼梯斜面面积（m^2）

锯齿形楼梯底板工程量＝楼梯底面展开面积（m^2）

2）工程量计算规则

板式楼梯底面抹灰按斜面面积计算，锯齿形楼梯底板抹灰按展开面积计算。

（2）定额工程量

1）计算公式

$$板式楼梯底面工程量＝楼梯水平投影面积×1.15（m^2）$$

$$梁式楼梯底面斜平面工程量＝展开面积（m^2）$$

$$锯齿形梁式楼梯底面工程量＝展开面积（m^2）$$

2）工程量计算规则及说明

板式楼梯底面的装饰工程量按水平投影面积乘1.15系数计算，梁式楼梯底面按展开面积计算。

①"楼梯底面的装饰工程量"包括楼梯段底面装饰和平台底面装饰两部分。

②"板式楼梯底面装饰"是斜面，为简化计算，其工程量按水平投影面积乘1.15的系数。如图5-7所示板式楼梯。

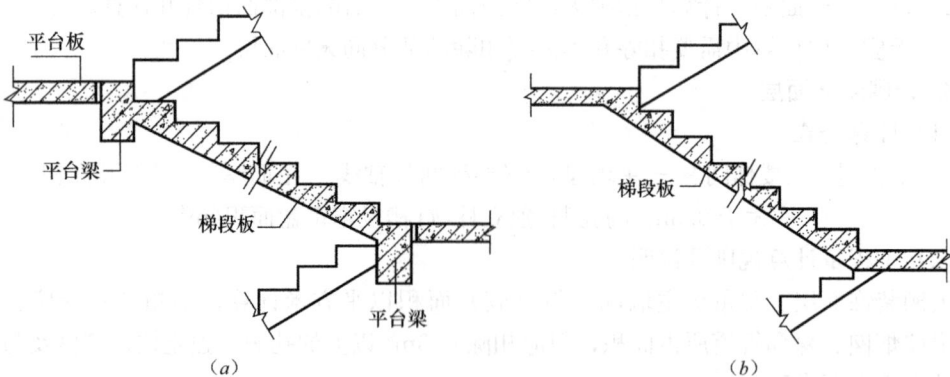

图 5-7 板式楼梯计算示意图

③"梁式楼梯底面"如图5-8所示，其结构比较复杂，定额规定按展开面积计算。

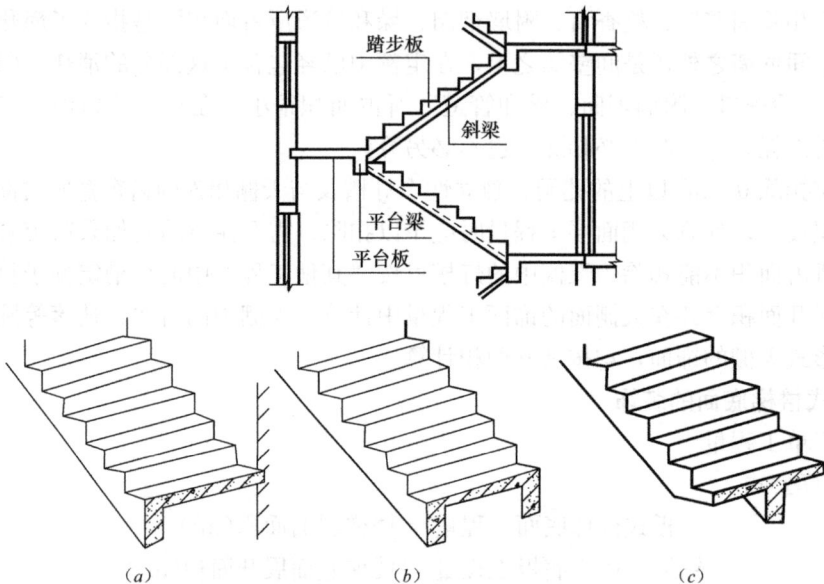

图 5-8 梁式楼梯计算示意图

（a）梯段一测设斜梁；（b）梯段两侧设斜梁；（c）梯段中间设斜梁

5.1.3 天棚吊顶工程量

1. 吊顶天棚

（1）计算公式

工程量＝图示天棚长度×宽度－大于 0.3m² 的孔洞、独立柱及窗帘盒面积（m²）

（2）工程量计算规则

吊顶天棚工程量按设计图示尺寸以水平投影面积计算。天棚面中的灯槽及跌级、锯齿形、吊挂式、藻井式天棚面积不展开计算。不扣除间壁墙、检查口、附墙烟囱、柱垛和管道所占面积，扣除单个＞0.3m² 的孔洞、独立柱及与天棚相连的窗帘盒所占的面积。

2. 格栅、吊筒、藤条造型悬挂、织物软雕、装饰网架吊顶

（1）计算公式

$$工程量＝图示长度×宽度（m²）$$

（2）工程量计算规则及说明

格栅吊顶、吊筒吊顶、藤条造型悬挂吊顶、织物软雕吊顶、装饰网架吊顶工程量按设计图示尺寸以水平投影面积计算。

3. 天棚龙骨

（1）计算公式

天棚龙骨工程量＝天棚净面积工程量＝（房间长轴线－主墙厚)×(房间宽轴线－主墙厚)（m²）

（2）工程量计算规则

各种吊顶天棚龙骨按主墙间净面积计算。不扣除间壁墙、检查洞、附墙烟囱、柱、垛和管道所占面积。

1）"按主墙间净面积计算"，"主墙"是指砖墙。砌块墙厚 180mm 以上（包括 180mm 本身）或超过 100mm 以上（包括 100mm 本身）的钢筋混凝土剪力墙；"非主墙"是指其他非承重的间壁墙；"净面积"是指天棚面扣除主墙所占的面积。由天棚定额的制定重可以看到，天棚龙骨定额均是按天棚净投影面积计算的，故计算天棚龙骨工程量也按天棚净投影面积计算。

2）"不扣除间壁、检查洞、附墙烟囱、柱、垛和管道所占面积。"其中各项说明见表 5-1。

各项目说明　　　　　　　　　　　　　　　　　　　　表 5-1

序号	项目	说　　　明
1	间壁墙	内墙起隔开房间的内隔墙，常见尺寸为 120mm 宽
2	垛	墙体上向外或向上突出的部分
3	柱	建筑物中直立的起支撑作用的构件。常由木材、石材、型钢或钢筋混凝土等材料组成
4	附墙烟囱	依墙而设的将室内的烟气排出室外的通道
5	检查口	用转或预制混凝土井筒砌成的井，设置在沟道断面、方向坡度的变更处或沟道相交处，或通长的直线官道上，供检修人员检查管道的状况，也可以称检查井
6	管道口	建筑物中为节省空间及施工方便、美观的需要将许多管道集中安装在某一部分的空间管道

由于龙骨制作有一定的空距，因此以上各结构部位对龙骨制作的影响相对较小，定额中已综合考虑了这部分的损耗，在计算时不需扣除。

3）天棚面层在同一标高者为平面天棚，不在同一标高者为跌级天棚，龙骨工程量计算规则是相同的，皆按主墙间净投影面积计算，单价上有所区别。

（3）龙骨

龙骨（图5-9）就是指木质地板、木隔墙、天棚吊顶等骨架，主要起固定和支撑面层的作用，龙骨根据所使用的材料不同可分为木龙骨、轻钢龙骨、铝合金龙骨等。

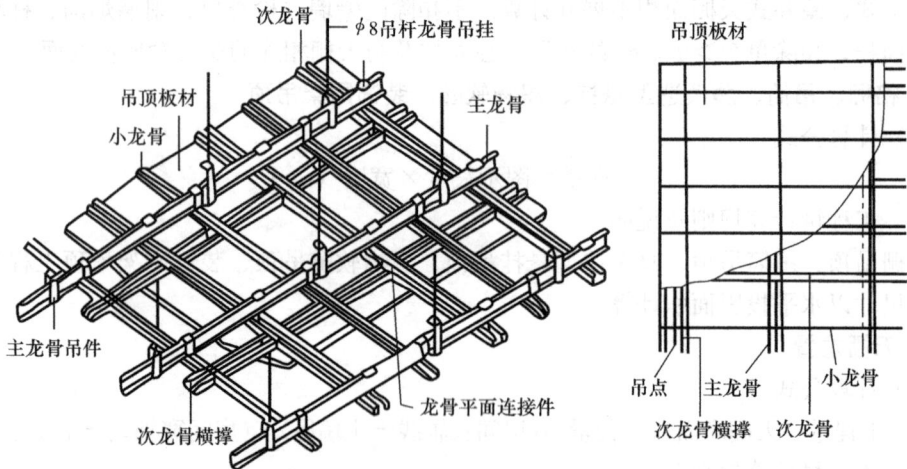

图 5-9　龙骨示意图

4. 定额中龙骨、基层、面层合并列项

（1）计算公式

$$工程量 = 天棚净面积工程量$$

$$= （房间长轴线 - 主墙厚）×（房间宽轴线 - 主墙厚）（m^2）$$

（2）工程量计算规则

各种吊顶天棚龙骨、基层、面层合并列项的子目计算时，不扣除间壁墙、检查洞、附墙烟囱、柱、垛和管道所占面积。

5.1.4　采光天棚工程量

1. 计算公式

$$工程量 = 框外围展开长度 × 外围展开宽度 （m^2）$$

2. 工程量计算规则

采光天棚工程量按框外围展开面积计算。

5.1.5　天棚其他装饰工程量

1. 灯光槽

（1）清单工程量

1）计算公式

$$工程量 = 框外围长度 × 外围宽度 （m^2）$$

2）工程量计算规则

灯带、灯光槽工程量按设计图示尺寸以框外围面积计算。

（2）定额工程量

1）计算公式

$$灯光槽工程量＝灯光槽图示长度（m）$$

2）工程量计算规则

灯光槽工程量按延长米算。

① 计算一般直线形天棚工程量时已将这部分面积扣除，因此灯光槽制作安装需要计算工程量，定额规定按延长米计算。

② 艺术造型天棚项目中包括灯光槽的制作安装，不需另算。

2. 送风口、回风口

（1）计算公式

$$工程量＝图示数量（个）$$

（2）工程量计算规则

送风口、回风口工程量按设计图示数量计算。

3. 保温层、吸声层

（1）计算公式

$$工程量＝水平投影面积（m^2）$$

（2）工程量计算规则

保温层、吸声层工程量按实铺面积计算。"实铺面积"是指吊顶保温层实际铺设的面积，这里指水平投影面积。

4. 网架

（1）计算公式

$$工程量＝水平投影面积（m^2）$$

（2）工程量计算规则

网架工程量按水平投影面积计算。网架结构构件繁多，按水平投影面积计算，不扣除镂空部分工程量。

5. 嵌缝

（1）计算公式

$$工程量＝实贴长度（m）$$

（2）工程量计算规则

嵌缝工程量按延长米计算。由于石膏板在拼接时存在缝隙，为了达到质量要求，使吊顶面层平整且不易裂缝，处理方法是在缝隙上沿长度方向贴绷带，故按米计算。

5.2 天棚工程工程量手算实例解析

【例5-1】 某装饰工程，室内预制板天棚抹水泥砂浆，图5-10为室内预制板天棚示意图，其中墙厚均为240mm，天棚上的大梁尺寸为160mm×250mm。试计算天棚上抹水泥砂浆的工程量。

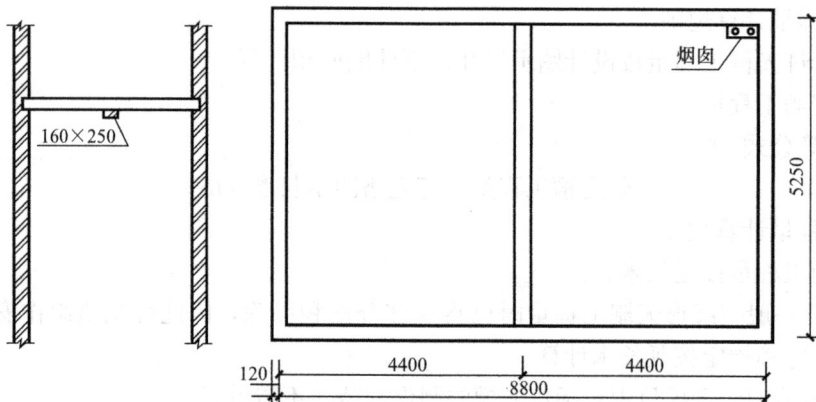

图 5-10 室内预制板天棚示意图（单位：mm）

【解】

$$S = (5.25 - 0.24) \times (4.4 \times 2 - 0.24) + 0.16 \times (5.25 - 0.24) \times 2$$
$$= 44.49 \text{m}^2$$

【例 5-2】 图 5-11 为某天棚的平面及剖面示意图，试根据图中已知条件，求天棚抹水泥砂浆工程量。

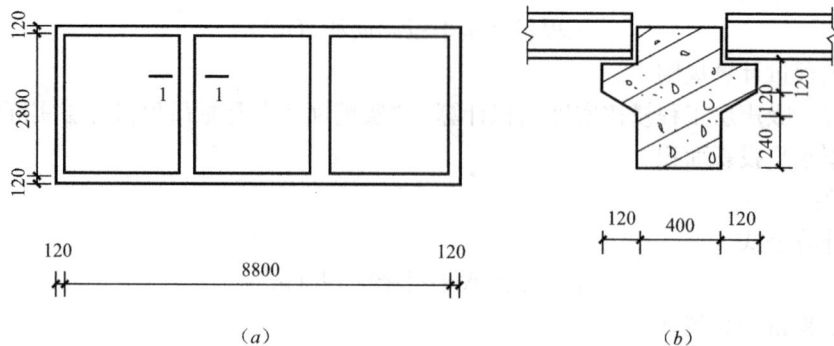

图 5-11 天棚抹水泥砂浆的示意图

(a) 平面图；(b) 剖面图

【解】

$$S = (8.8 - 0.24) \times (2.8 - 0.24) + (2.8 - 0.24) \times (0.24 + 0.12 + \frac{0.12}{\sin 45°}) \times 2 \times 2$$
$$= 21.91 + 5.848$$
$$= 27.76 \text{m}^2$$

【例 5-3】 图 5-12 为某客厅不上人型轻钢龙骨石膏板吊顶，龙骨间距为 400mm × 400mm，吊筋为 $\phi 8$，高 1m。试计算该顶棚的工程量。

【解】

（1）由图可见，该顶棚有高低面，首先应判断顶棚类型（级别）

1）顶棚水平投影面积

$$S = 6.96 \times 7.16$$
$$= 49.83 \text{m}^2$$

114

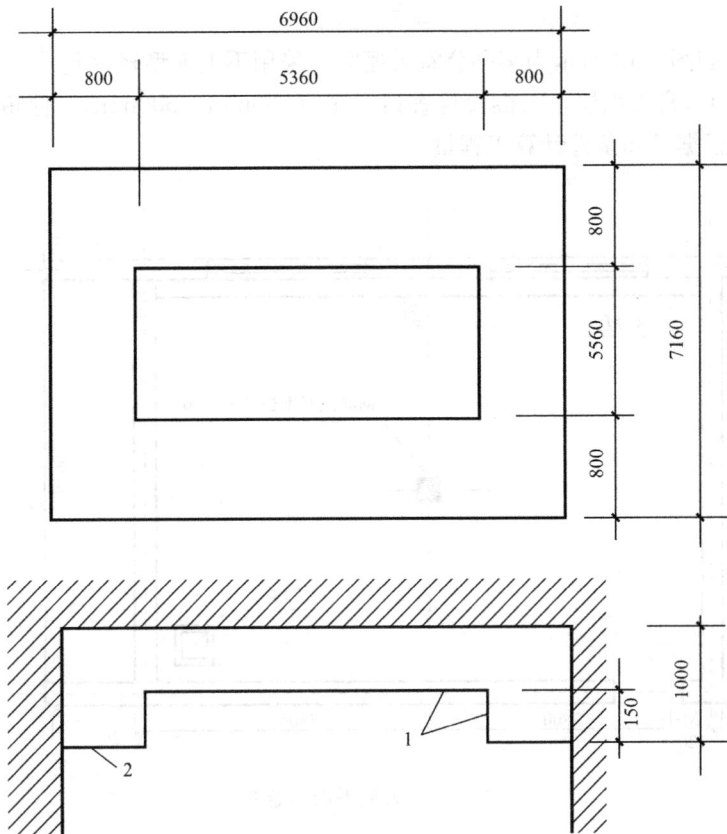

图 5-12　顶棚构造简图

1—金属墙纸；2—织锦缎贴面

2）顶棚凹进部分面积

$$S = 5.36 \times 5.56$$
$$= 29.8 \text{m}^2$$

3）少数面积与该顶棚总面积之比：

$$\frac{49.83 - 29.8}{49.83} = \frac{20.03}{49.83} = 40\% > 15\%$$

两部分面层的高差 150mm＞100mm，故本客厅顶棚属复杂型。

（2）顶棚龙骨工程量

按计算规则，工程量为净面积的水平投影，即 49.83（m²）。

（3）$\phi 8$ 吊筋工程量

因有高低差，吊筋高度不同，应分别计算：

1）顶棚四周 1m 高的顶棚吊筋面积

$$S = 49.83 - 29.8$$
$$= 20.03 \text{m}^2$$

2）凹进部分 0.85m 高的顶棚吊筋面积 29.8m²

（4）顶棚面层工程量

$$S = 6.96 \times 7.16 + (5.36 + 5.56) \times 2 \times 0.15$$

$$= 53.11m^2$$

【例5-4】 如图5-13所示为某办公室天棚图。采用不上人型轻钢龙骨架,间距430mm×430mm,采用石膏板面层,天棚设检查口一个(500mm×500mm),窗帘盒宽200mm,高400mm。试根据已知条件计算工程量。

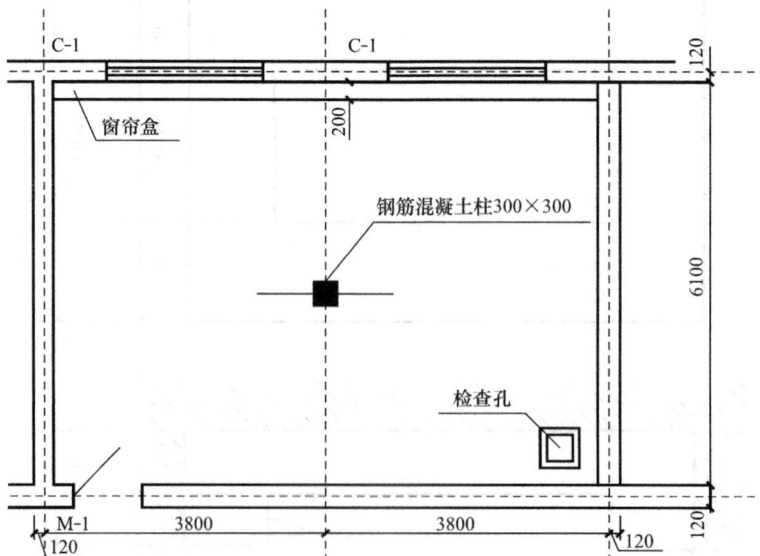

图5-13 天棚平面示意图

【解】
(1) 办公室顶净长
$$L = 6.10 - 0.20 - 0.24$$
$$= 5.66m$$

(2) 办公室顶净宽
$$L = 3.80 \times 2 - 0.24$$
$$= 7.36m$$

(3) 天棚吊顶工程量
$$S = 5.66 \times 7.36$$
$$= 41.66m^2$$

【例5-5】 如图5-14所示,计算井字梁天棚抹石灰砂浆工程量。
【解】
(1) 主墙间水平投影面积
$$S_{水} = (6.8 - 0.24) \times (5.2 - 0.24)$$
$$= 32.54m^2$$

(2) 主梁侧面展开面积
$$S_{主} = (6.8 - 0.24 - 0.4) \times (0.7 - 0.1) \times 2 \times 1 + (0.7 - 0.35) \times 0.4 \times 2$$
$$= 7.67m^2$$

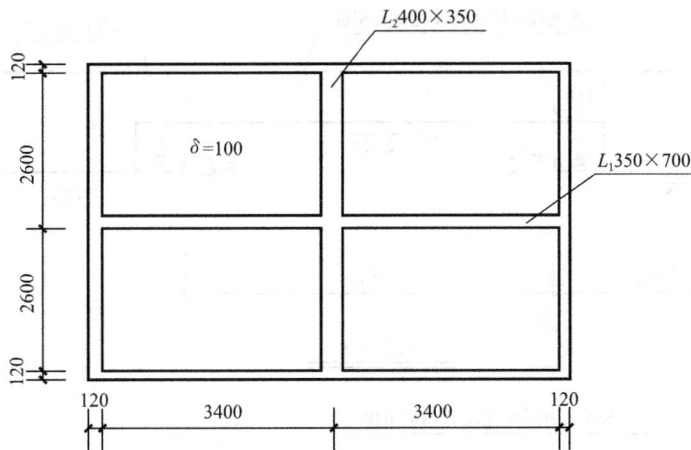

图 5-14　天棚抹石灰砂浆示意图

（3）次梁侧面展开面积

$$S_{次} = (5.2 - 0.24 - 0.35) \times (0.35 - 0.1) \times 2 \times 1$$
$$= 2.31(\text{m}^2)$$

（4）合计

$$S = S_{水} + S_{主} + S_{次}$$
$$= 32.54 + 7.67 + 2.31$$
$$= 42.52\text{m}^2$$

【例 5-6】　某酒店大包房天花图如图 5-15 所示，已知条件均已在图中标明，现根据已知条件，试计算该天棚的整体工程量，窗帘盒工程量，独立柱工程量，九夹基层工程量。

【解】

（1）整体工程量

$$S = (8.32 - 0.09 - 0.15) \times (7.15 + 0.09 \times 2)$$
$$= 8.08 \times 6.97$$
$$= 56.32\text{m}^2$$

（2）窗帘盒工程量

$$S = 0.2 \times 6.97$$
$$= 1.39\text{m}^2$$

（3）独立柱工程量

$$S = 0.89 \times 0.7$$
$$= 0.62\text{m}^2$$

（4）九夹板立面展开部分工程量

$$S = (2.95 - 2.8) \times [(7.38 + 6.27) \times 2 + (4.52 + 4.54) \times 2](虚线部位) + 0.08$$
$$\times [(7.08 + 5.97) \times 2 + (4.84 + 4.82) \times 2](实线部位) + (7.38 \times 6.27 - 7.08$$
$$\times 5.97) + (4.84 \times 4.82 - 4.52 \times 4.54)](虚实线间重叠部分)$$
$$= 0.15 \times 45.42 + 0.08 \times 45.42 + 6.813$$
$$= 17.26\text{m}^2$$

117

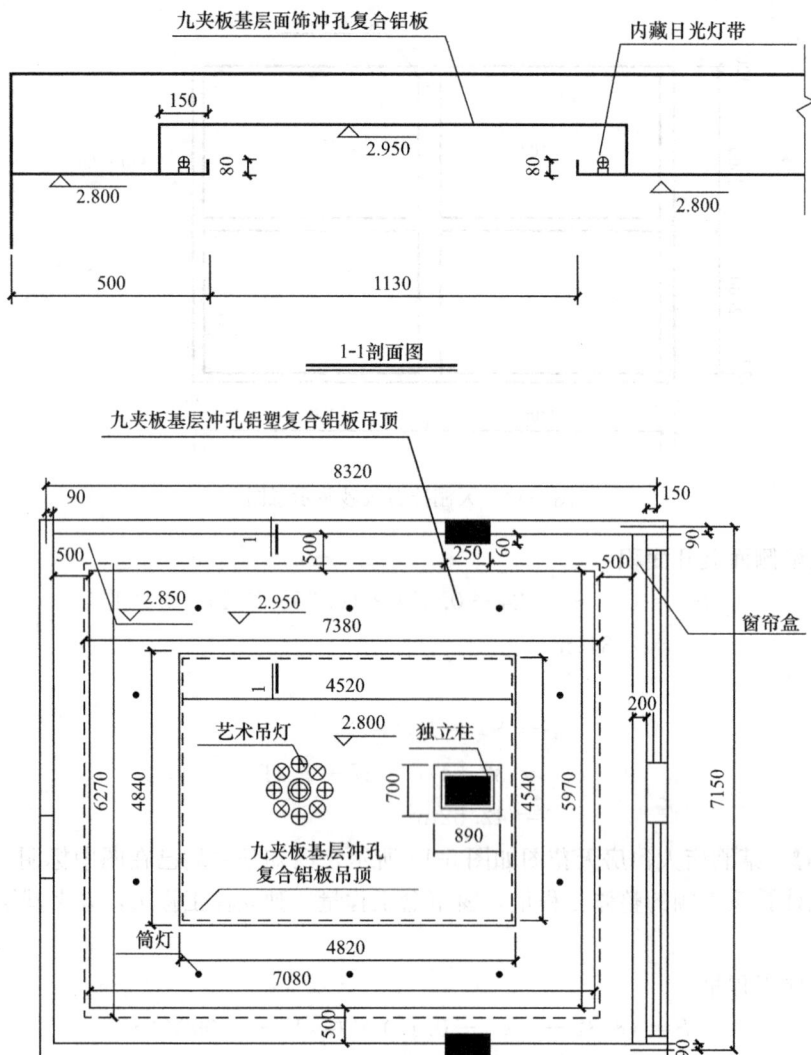

九夹板基层面饰冲孔复合铝板

内藏日光灯带

150

2.950

80

80

2.800

2.800

500

1130

1-1剖面图

九夹板基层冲孔铝塑复合铝板吊顶

8320

90

150

500

500

250 60

90

500

窗帘盒

2.850

2.950

7380

4520

200

艺术吊灯

2.800

独立柱

6270

4840

700

4540

5970

7150

九夹板基层冲孔
复合铝板吊顶

890

筒灯

4820

7080

500

90

图 5-15 天棚造型吊顶

（5）天棚九夹板基层工程量

$$S = 56.32 - 1.39 - 0.62 + 17.26$$
$$= 71.57 m^2$$

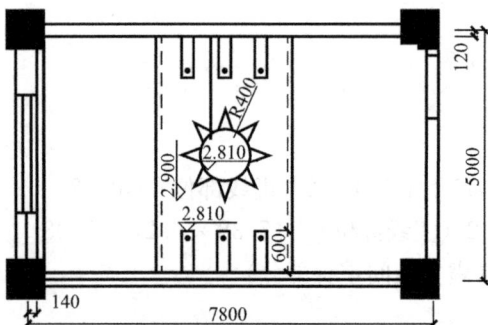

120

R400

2.900

2.810

5000

2.810

600

140

7800

图 5-16 天棚造型吊顶平面图

【例 5-7】 某大厦会议室天棚造型吊顶平面图如图 5-16 所示（单位：mm），根据计算规则，试计算其龙骨工程量。

【解】

$$S_{龙骨} = (7.8 - 0.14 - 0.12) \times (5 - 0.12 \times 2)$$
$$= 35.89 m^2$$

【例 5-8】 图 5-17 为某小会议室二层顶面施工图，中间为不上人型 T 形铝合金龙骨，边上为不上人型轻钢龙骨吊顶。现根据已知条件，试计算铝合金龙骨工程量和轻钢龙骨工程量。

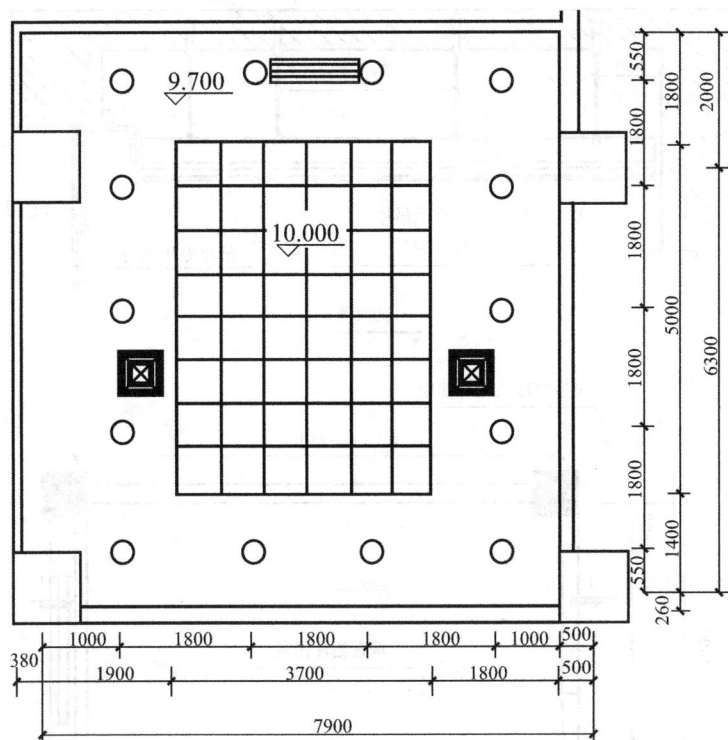

图 5-17 二层会议室顶面图

【解】

（1）铝合金龙骨工程量

$$S = 3.70 \times 5.00 = 18.50 \text{m}^2$$

（2）轻钢龙骨工程量

$$S = (7.90 - 0.50 + 0.38) \times (6.30 + 0.26 + 2.00) - 3.70 \times 5.00$$
$$= 66.60 - 18.50$$
$$= 48.10 \text{m}^2$$

【例 5-9】 图 5-18 所示为某公司餐厅天棚为铝垂片吊顶，根据计算规则，试计算铝垂片吊顶天棚面层工程量。

【解】

$$S_{面层} = (6.25 - 0.12) \times 4.4$$
$$= 26.97 \text{m}^2$$

【例 5-10】 某酒店包房吊顶图如图 5-19 所示。请根据计算规则，试计算该酒店包房的吊顶面层工程量。

【解】

（1）天棚面层工程量

$$S = (5.98 - 0.1 - 0.15) \times (3.7 - 0.1 \times 2)$$
$$= 20.06 \text{m}^2$$

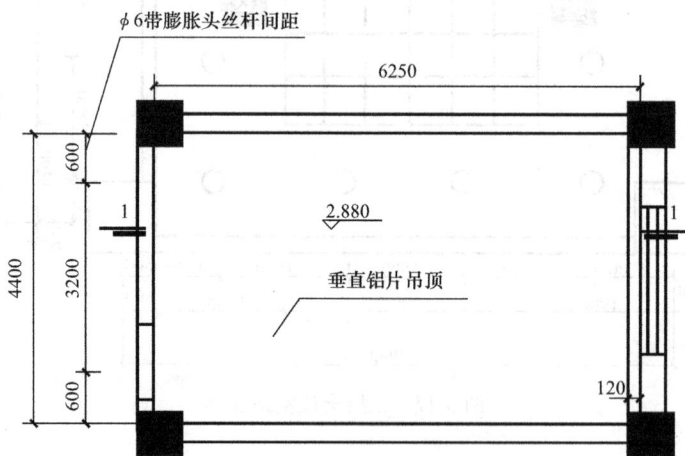

1-1剖面图

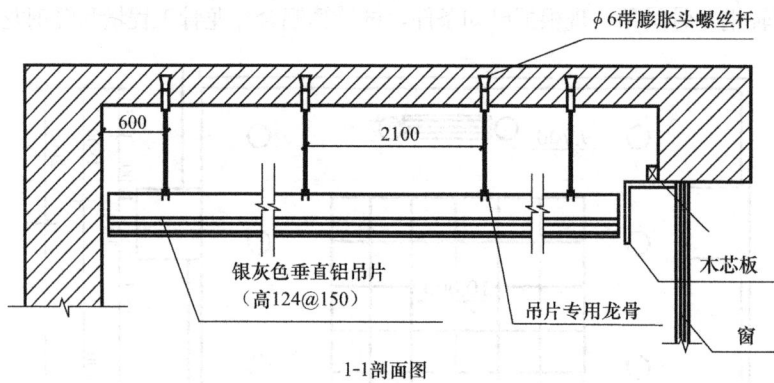

图 5-18　垂直铝片吊顶天棚示意图

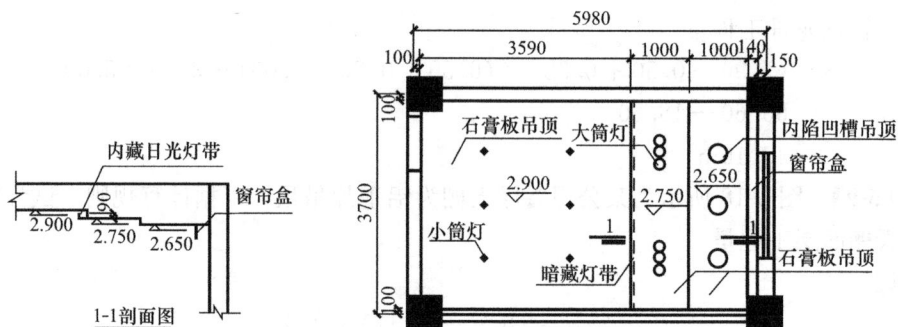

图 5-19　某酒店包房吊顶图（单位：mm）

（2）窗帘盒面积

$$S = 0.14 \times (3.7 - 0.1 \times 2)$$
$$= 0.49 \text{m}^2$$

（3）展开面积

$$S = [(2.75 - 2.65) + (2.9 - 2.75) + 0.15 + 0.09] \times 3.5$$
$$= 1.72 \text{m}^2$$

120

（4）天棚面层实际工程量

$$S = 20.06 - 0.49 + 1.72$$
$$= 21.29\text{m}^2$$

【例 5-11】 某工程现浇井字梁天棚如图 5-20 所示，已知主梁为 $300\text{mm} \times 400\text{mm}$，次梁为 $150\text{mm} \times 250\text{mm}$。现根据已知条件，试计算天棚抹灰的工程量。

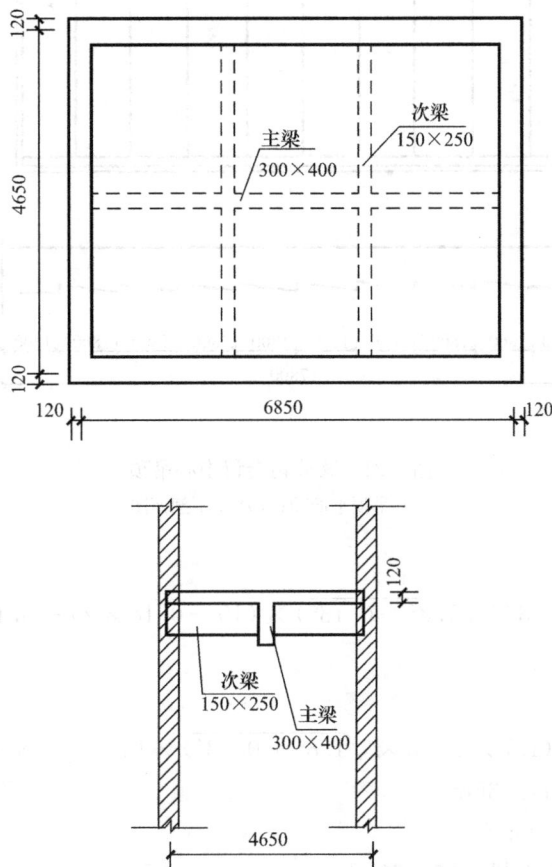

图 5-20 某工程现浇井字梁天棚

【解】

$$S = (6.85 - 0.24) \times (4.65 - 0.24) + (0.4 - 0.12) \times (6.85 - 0.24) \times 2$$
$$+ (0.25 - 0.12) \times (4.65 - 0.24) \times 2 \times 2 - (0.25 - 0.12) \times 0.15 \times 4$$
$$= 35.05\text{m}^2$$

【例 5-12】 已知某公司会议室吊顶平面示意图如图 5-21 所示。吊件加工安装龙骨，安装三合板基层，基层板刷防火涂料；石膏板面层，面层刷乳胶漆。根据图中所给的尺寸，计算龙骨、三合板、石膏板面、防火涂料以及乳胶漆的工程量。

【解】

（1）轻钢龙骨

$$S = 10 \times 17.8 = 178\text{m}^2$$

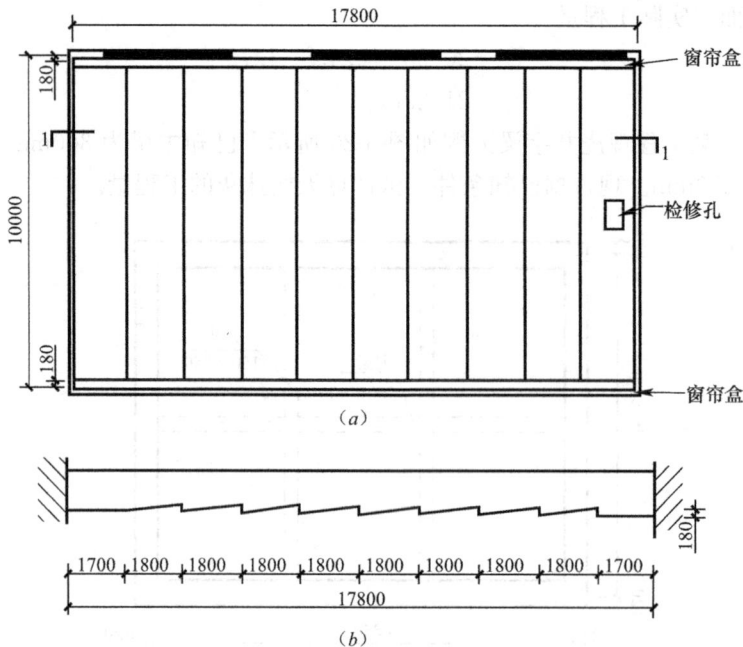

图 5-21 某公司会议中心吊顶

(a) 吊顶平面图；(b) 1-1 剖面图

（2）三合板

$$S = (1.7 \times 2 + 8 \times \sqrt{1.8^2 + 0.18^2}) \times (10 - 0.18 \times 2) + 0.18 \times 2 \times 17.8$$
$$= 178.76 \text{m}^2$$

（3）石膏板

$$S = (1.7 \times 2 + 8 \times \sqrt{1.8^2 + 0.18^2}) \times (10 - 0.18 \times 2)$$
$$= 172.36 \text{m}^2$$

（4）乳胶漆：172.36m^2

（5）基层板刷防火涂料：178.76m^2

【例 5-13】 如图 5-22 所示为某天棚吊顶灯槽布置图，只有灯槽位置不填充袋装矿棉，试根据已知条件计算灯光槽及袋装矿棉的工程量。

【解】

（1）灯光槽工程量

$$L = (3.4 + 1.5) \times 2$$
$$= 9.8 \text{m}$$

（2）袋装矿棉工程量

$$S = [(3.7 - 0.2) \times (5.8 - 0.15 - 0.1)] - (3.4 + 1.5) \times 2 \times 0.3$$
$$= 16.49 \text{m}^2$$

【例 5-14】 如图 5-23 所示，已知加框尺寸为 7650mm×6020mm，试根据已知条件，计算钢网架工程量。

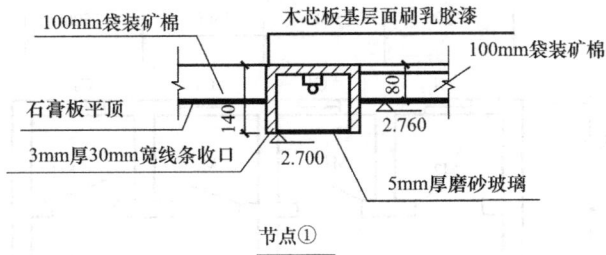

节点①

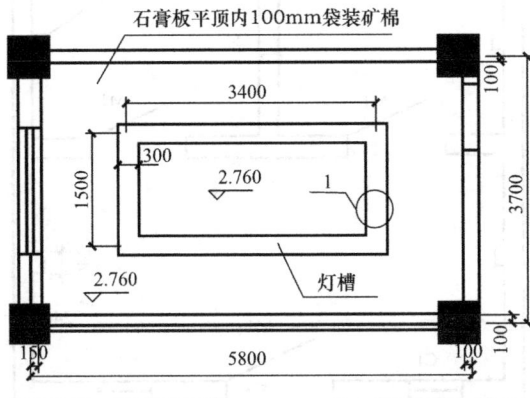

图 5-22 天棚吊顶灯槽布置图

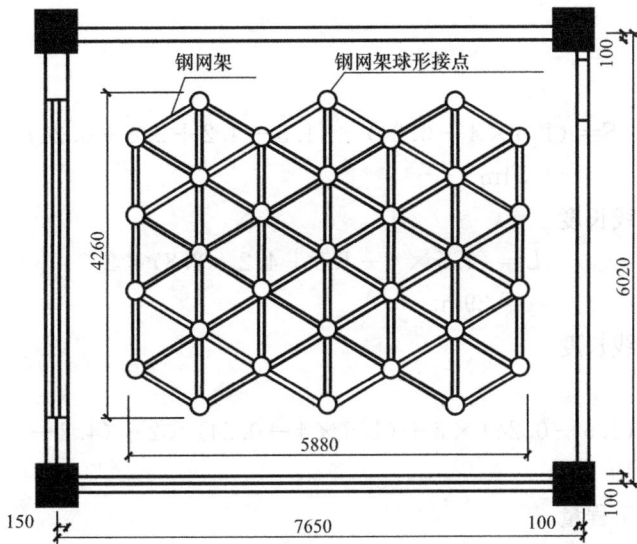

图 5-23 钢网架示意图

【解】

$$S = 4.26 \times 5.88$$
$$= 25.05 \text{m}^2$$

【例 5-15】 如图 5-24 所示,设计要求采用预制混凝土天棚抹 1:3 水泥混合砂浆,根据图中所提供的已知条件,求天棚抹灰的工程量。

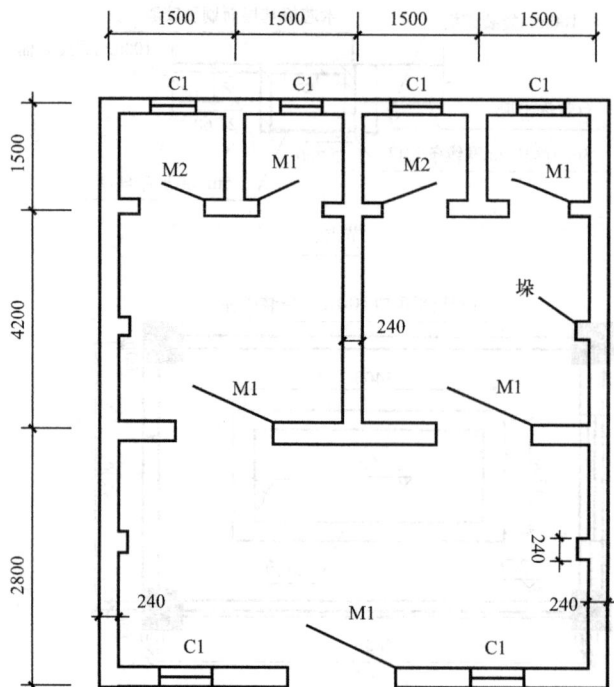

图 5-24 天棚抹灰示意图

【解】

（1）建筑面积

$$S = (1.5 \times 4 + 0.24) \times (1.5 + 4.2 + 2.8 + 0.24)$$
$$= 54.54 \text{m}^2$$

（2）外墙中心线长度

$$L = (1.5 \times 4 + 1.5 + 4.2 + 2.8) \times 2$$
$$= 29 \text{m}$$

（3）内墙净长线长度

$$L = (1.5 - 0.24) \times 3 + (1.5 \times 4 - 0.24) \times 2 + (4.2 - 0.24)$$
$$= 19.26 \text{m}$$

（4）天棚抹灰工程量

$$S = 54.54 - 29 \times 0.24 - 19.26 \times 0.24$$
$$= 42.96 \text{m}^2$$

【例 5-16】 如图 5-25 所示为某办公室天棚吊顶示意图，试计算其工程量并编制综合单价分析表。

【解】

（1）清单工程量

1）天棚吊顶：

$$18.8 \times 15 = 282 \text{m}^2$$

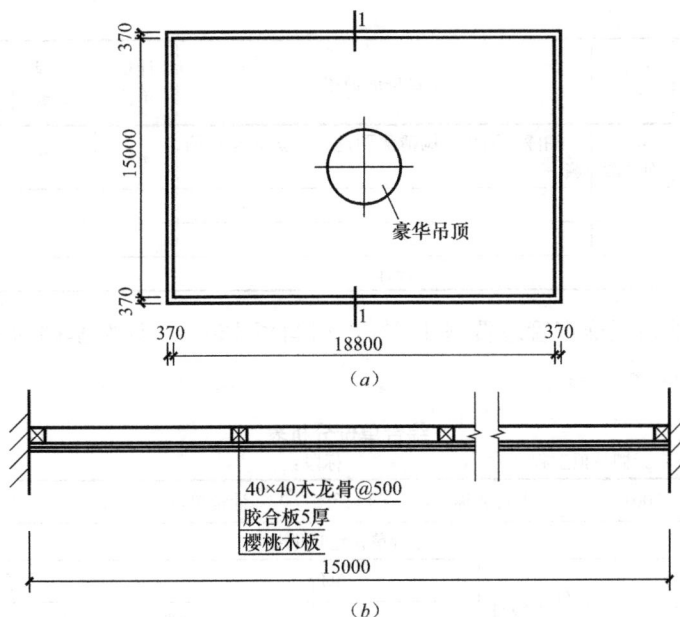

图 5-25　某办公室天棚吊顶示意图

(a) 吊顶平面图；(b) 1—1 剖面图

2）天棚油漆：282m²

（2）定额工程量：

1）木龙骨：282m²

2）胶合板：282m²

3）樱桃木板：282m²

4）木龙骨刷防火涂料：282m²

5）木板面刷防火涂料：282m²

（3）清单项目每计量单位应包含工程数量：

1）木龙骨：282÷282＝1m²

2）胶合板：1m²

3）樱桃木板：1m²

4）木龙骨刷防火涂料：1m²

5）木板面刷防火涂料：1m²

（4）分部分项工程和单价措施项目清单与计价表见表 5-2。

分部分项工程和单价措施项目清单与计价表

表 5-2

工程名称：某办公室天棚吊顶工程　　　　　　　　标段：　　　　　　　　　　　　第　页　共　页

序号	项目编号	项目名称	项目特征描述	计量单位	工程数量	金额/元	
						综合单价	合价
1	011302001001	吊顶天棚	1. 吊顶形式：平面天棚 2. 龙骨材料类型、中距：木龙骨、面层规格 450×450 3. 基层、面层材料：五合板、樱桃木板	m²	282	122.28	34238.40

125

序号	项目编号	项目名称	项目特征描述	计量单位	工程数量	金额/元	
						综合单价	合价
2	011404005001	天棚面油漆	油漆、防护：刷清漆两遍、刷防火涂料两遍	m²	282	49.79	14040.78
			合计				48279.18

（5）根据企业情况确定管理费率170%，利润率120%，计费基础为人工费。综合单价分析表见表5-3、表5-4。

综合单价分析表　　　　　　　　　　　　　　　　　表5-3

工程名称：某办公室天棚吊顶工程　　　　　　　标段：　　　　　　　第　页　共　页

项目编码	011302001001			项目名称	吊顶天棚		计量单位	m²	工程量	120

综合单价组成明细

定额编号	定额名称	定额单位	数量	单价/元				合价/元			
				人工费	材料费	机械费	管理费和利润	人工费	材料费	机械费	管理费和利润
3-018	制作、安装木楞、混凝土板下的木楞，刷防腐油	m²	1	4.00	34.16	0.05	11.6	4.00	34.16	0.05	11.6
3-075	安装五合板天棚基层	m²	1	1.78	19.50	—	5.16	1.78	19.50		5.16
3-107	安装樱桃板面层	m²	1	3.00	34.33	—	8.7	3.00	34.33	—	8.7
人工单价			小计					8.78	87.99	0.05	25.46
22.47元/工日			未计价材料费					—			
清单项目综合单价								122.28			

综合单价分析表　　　　　　　　　　　　　　　　　表5-4

工程名称：某办公室天棚吊顶工程　　　　　　　标段：　　　　　　　第　页　共　页

项目编码	011404005001			项目名称	天棚面油漆		计量单位	m²	工程量	120

综合单价组成明细

定额编号	定额名称	定额单位	数量	单价/元				合价/元			
				人工费	材料费	机械费	管理费和利润	人工费	材料费	机械费	管理费和利润
5-060	面层清扫、磨砂纸、刮腻子、刷底油、油色、刷清漆两遍	m²	1	3.65	2.38	—	10.59	3.65	2.38		10.59
5-159	木龙骨刷防火涂料两遍	m²	1	3.88	5.59	—	11.25	3.88	5.59	—	11.25
5-164	木板面单面刷防火涂料两遍	m²	1	2.24	3.71	—	6.50	2.24	3.71	—	6.50
人工单价			小计					9.77	11.68		28.34
22.47元/工日			未计价材料费					—			
清单项目综合单价								49.79			

6 油漆、涂料、裱糊工程手工算量与实例精析

6.1 油漆、涂料、裱糊工程工程量手算方法

6.1.1 门、窗油漆工程量

1. 木门油漆

（1）清单工程量

1）计算公式

$$工程量＝图示数量（樘）$$

或

$$工程量＝图示洞口长度×宽度（m^2）$$

2）工程量计算规则

木门油漆工程量按设计图示数量计量，以樘计量；或按设计图示洞口尺寸以面积计算，以平方米计量。

① 木门油漆应区分木大门、单层木门、双层（一玻一纱）木门、双层（单裁口）木门、全玻自由门、半玻自由门、装饰门及有框门或无框门等项目列项。

② 门油漆中的门一般为金属门和木门。金属门和木门一般采用调和漆和磁漆。

门油漆中常用的调和漆有各色油性调和漆、各色油性无光调和漆、各色酯胶调和漆、各色酚醛调和漆、各色醇酸酯胶调和漆、各色醇酸调和漆。常用的磁漆有各色酯胶磁漆、各色酚醛磁漆、各色醇酸磁漆。

（2）定额工程量

1）计算公式

$$工程量＝图示洞口长度×宽度×相应系数（m^2）$$

2）工程量计算规则

木门油漆工程量按表 6-1 规定计算，并乘以表列系数以 m^2 计算。

执行木门定额工程量乘系数 表 6-1

项目名称	系数	工程量计算方法
单层木门	1.00	按单面洞口面积计算
双层（一玻一纱）木门	1.36	
双层（单裁口）木门	2.00	
单层全玻门	0.83	
木百叶门	1.25	

注：本表为木材面油漆。

2. 木窗油漆

（1）清单工程量

1）计算公式

$$工程量＝图示数量（樘）$$

或

$$工程量＝图示洞口长度×宽度（m^2）$$

2）工程量计算规则

① 木窗油漆工程量按设计图示数量计量，以樘计量；或按设计图示洞口尺寸以面积计算，以平方米计量。

② 木窗油漆应区分单层木门、双层（一玻一纱）木窗、双层框扇（单裁口）木窗、双层框三层（二玻一纱）木窗、单层组合窗、双层组合窗、木百叶窗、木推拉窗等项目列项。

③ 窗油漆是指用来刷涂在窗表面作为饰面的油漆。根据窗的不同材质选用不同的油漆，主要有酯胶清漆、虫胶清漆、聚酯酯胶清漆、磁漆、调和漆等。

（2）定额工程量

1）计算公式

$$工程量＝图示洞口长度×宽度×相应系数（m^2）$$

2）工程量计算规则

木窗油漆工程量按表 6-2 规定计算，并乘以表列系数以 m² 计算。

执行木窗定额工程量系数表　　　　　　　　　　表 6-2

项目名称	系数	工程量计算方法
单层木窗	1.00	按单面洞口面积计算
双层（一玻一纱）木窗	1.36	
双层框扇（单裁口）木窗	2.00	
双层框三层（二玻一纱）木窗	2.60	
单层组合窗	0.83	
双层组合窗	1.13	
木百叶窗	1.50	

注：本表为木材面油漆。

3. 金属门油漆

（1）清单工程量

1）计算公式

$$工程量＝图示数量（樘）$$

或

$$工程量＝图示洞口长度×宽度（m^2）$$

2）工程量计算规则

金属门油漆工程量按设计图示数量计量，以樘计量；或按设计图示洞口尺寸以面积计算，以平方米计量。

金属门油漆应区分平开门、推拉门、钢制防火门等项目列项。

（2）定额工程量

1）计算公式

$$工程量＝图示面积×相应系数（m^2）$$

2）工程量计算规则

金属门油漆工程量按表 6-3 规定计算，并乘以表列系数以 m^2 计算。

单层钢门窗工程量系数表 　　表 6-3

项目名称	系数	工程量计算方法
单层钢门窗	1.00	
双层（一玻一纱）钢门窗	1.48	
钢百叶钢门	2.74	
半截百叶钢门	2.22	洞口面积
满钢门或包铁皮门	1.63	
钢折叠门	2.30	
射线防护门	2.96	
厂库房平开、推拉门	1.70	框（扇）外围面积
钢丝网大门	0.81	
间壁	1.85	长×宽
平板屋面	0.74	斜长×宽
瓦垄板屋面	0.89	
排水、伸缩缝盖板	0.78	展开面积
吸气罩	1.63	水平投影面积

4. 金属窗油漆

（1）清单工程量

1）计算公式

$$工程量＝图示数量（樘）$$

或

$$工程量＝图示洞口长度×宽度（m^2）$$

2）工程量计算规则

金属窗油漆工程量按设计图示数量计量，以樘计量；或按设计图示洞口尺寸以面积计算，以平方米计量。

金属窗油漆应区分平开窗、推拉窗、固定窗、组合窗、金属隔栅窗等项目列项。

（2）定额工程量

1）计算公式

$$工程量＝图示面积×相应系数（m^2）$$

2）工程量计算规则

金属窗油漆工程量按表 6-3 规定计算，并乘以表列系数以 m^2 计算。

6.1.2 木材、金属、抹灰面油漆工程量

1. 木扶手及其他板条、线条油漆

（1）清单工程量

1）计算公式

$$工程量＝图示长度（m）$$

2）工程量计算规则

木扶手油漆，窗帘盒油漆，封檐板、顺水板油漆，挂衣板、黑板框油漆，挂镜线、窗帘棍、单独木线油漆工程量按设计图示尺寸以长度计算。

① 木扶手应区分带托板与不带托板，分别列项。

② 楼梯木扶手工程量按中心线斜长计算，弯头长度应计算在扶手长度内。

（2）定额工程量

1）计算公式

$$工程量＝图示长度×相应系数（m）$$

2）工程量计算规则及说明

木扶手油漆，窗帘盒油漆，封檐板、顺水板油漆，挂衣板、黑板框油漆，挂镜线、窗帘棍、单独木线油漆工程量按表 6-4 规定计算，并乘以表列系数以 m^2 计算。

执行木扶手定额工程量系数表   表 6-4

项目名称	系数	工程量计算方法
木扶手（不带托板）	1.00	按延长米计算
木扶手（带托板）	2.60	
窗帘盒	2.04	
封檐板、顺水板	1.74	
挂衣板、黑板框、单独木线条 100mm 以外	0.52	
挂镜线、窗帘棍、单独木线条 100mm 以内	0.35	

注：本表为木材面油漆。

① 木扶手：即栏杆的栏板顶部用于手支承依靠的木构件。顶宽：一般楼梯扶手不大于 9cm，阳台廊扶手一般在 10～15cm。

② 顺水板：又称顺水条，指的是屋面压油毡纸的小木条。有的用灰板条、挂衣板，即用房间墙壁上用来悬挂衣物等的板条，镶在黑板外面的黑板框、生活园地等宣传广告栏的外围边框。另外还有房间四壁上吊挂物品所钉的木条板，即挂镜线，也有的称为压线条，规格一般为厚（25mm）×宽（50mm）。

③ 托板：木扶手通常配以铁栏杆，在栏杆的顶部常用一块扁铁焊接成整体栏杆，然后将木扶手用螺钉安装在这块扁铁上，这块扁铁即为托板。

2. 木护墙、窗台板、暖气罩等油漆

（1）清单工程量

1）计算公式

$$工程量＝图示长度×宽度（m^2）$$

2）工程量计算规则

木护墙、木墙裙油漆，窗台板、筒子板、盖板、门窗套、踢脚线油漆，清水板条天棚、檐口油漆，木方格吊顶天棚油漆，吸音板墙面、天棚面油漆，暖气罩油漆，其他木材面工程量按设计图示尺寸以面积计算。

① 木板、纤维板、胶合板油漆，单面油漆按单面面积计算，双面油漆按双面面积计算。

② 木护墙、木墙裙油漆按垂直投影面积计算。

③ 窗台板、筒子板、盖板、门窗套油漆按水平或垂直投影面积（门窗套的贴脸板和

筒子板垂直投影面积合并）计算。

④ 清水板条天棚、檐口油漆、木方格吊顶天棚油漆以水平投影面积计算，不扣除空洞面积。

⑤ 暖气罩油漆，垂直面按垂直投影面积计算，突出墙面的水平面按水平投影面积计算，不扣除空洞面积。

（2）定额工程量

1）计算公式

$$工程量＝图示面积×相应系数（m^2）$$

2）工程量计算规则

木护墙、木墙裙油漆，窗台板、筒子板、盖板、门窗套、踢脚线油漆，清水板条天棚、檐口油漆，木方格吊顶天棚油漆，吸音板墙面、天棚面油漆，暖气罩油漆，其他木材面工程量按表 6-5 规定计算，并乘以表列系数以 m^2 计算。

执行其他木材面定额工程量系数表　　　　　　　表 6-5

项目名称	系数	工程量计算方法
木板、纤维板、胶合板天棚	1.00	长×宽
木护墙、木墙裙	1.00	
窗台板、筒子板、盖板、门窗套、踢脚线	1.00	
清水板条天棚、檐口	1.07	
木方格吊顶天棚	1.20	
吸声板墙面、天棚面	0.87	
暖气罩	1.28	
木间壁、木隔断	1.90	单面外圈面积
玻璃间壁露明强筋	1.65	
木栅栏、木栏杆（带扶手）	1.82	
衣柜、壁柜	1.00	按实刷展开面积
零星木装修	1.10	展开面积
梁柱饰面	1.00	

注：本表为木材面油漆。

3. 木间壁、木隔断、玻璃间壁、木栏杆（带扶手）油漆

（1）清单工程量

1）计算公式

$$工程量＝图示单面外围面积（m^2）$$

2）工程量计算规则

木间壁、木隔断油漆，玻璃间壁露明墙筋油漆，木栅栏、木栏杆（带扶手）油漆工程量按设计图示尺寸以单面外围面积计算。

（2）定额工程量

1）计算公式

$$工程量＝图示单面外围面积×相应系数（m^2）$$

2）工程量计算规则

间壁、木隔断油漆，玻璃间壁露明墙筋油漆，木栅栏、木栏杆（带扶手）油漆工程量

按表 6-5 规定计算，并乘以表列系数以 m² 计算。

4. 衣柜、壁柜、梁柱饰面、零星木装饰油漆

（1）清单工程量

1）计算公式

$$工程量＝油漆部分展开面积（m²）$$

2）工程量计算规则

衣柜、壁柜油漆，梁柱饰面油漆，零星木装修油漆工程量按设计图示尺寸以油漆部分展开面积计算。

（2）定额工程量

1）计算公式

$$工程量＝图示单面外围面积×相应系数（m²）$$

2）工程量计算规则

间壁、木隔断油漆，玻璃间壁露明墙筋油漆，木栅栏、木栏杆（带扶手）油漆工程量按表 6-5 规定计算，并乘以表列系数以 m² 计算。

5. 木地板油漆、木地板烫硬蜡面

（1）清单工程量

1）计算公式

$$工程量＝木地板实际面积＋空洞、空圈、暖气包槽、壁龛开口面积（m²）$$

2）工程量计算规则

木地板油漆、木地板烫硬蜡面工程量按设计图示尺寸以面积计算。空洞、空圈、暖气包槽、壁龛的开口部分并入相应的工程量内。

（2）定额工程量

1）计算公式

$$工程量＝木地板实际面积×相应系数（m²）$$

2）工程量计算规则

木地板油漆、木地板烫硬蜡面工程量按表 6-6 规定计算，并乘以表列系数以 m² 计算。

木地板工程量系数表　　　　　　　　　　　　　　　　表 6-6

项目名称	系数	工程量计算方法
木地板、木踢脚线	1.00	长×宽
木楼梯（不包括底面）	2.30	水平投影面积

6. 木楼梯（不包括底面）

（1）计算公式

$$木楼梯刷油漆的工程量＝水平投影面积×2.3（m²）$$
$$木楼梯底面刷油漆的工程量＝楼梯底部按展开面积（m²）$$

（2）工程量计算规则

木楼梯（不包括底面）刷油漆按水平投影面积乘以系数 2.3，如图 6-1 所示，执行木地板相应子目，见表 6-6。

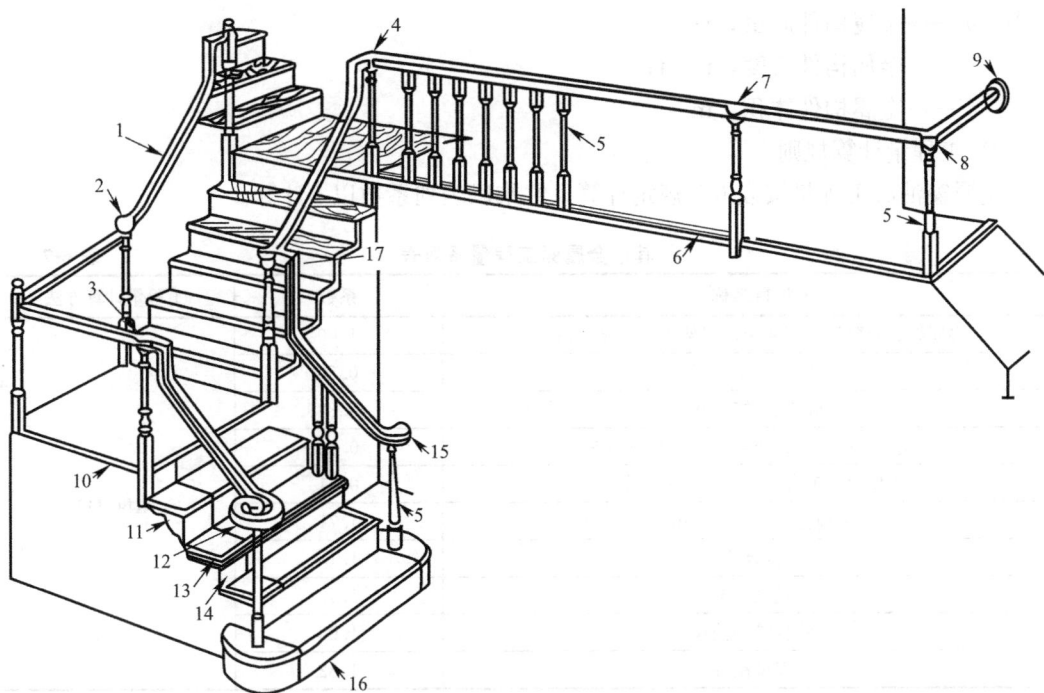

图 6-1　木楼梯示意图

1—直扶手与落差弯头连接；2—日式直平上扬；3—日式直平下扬；4—平弯下扬；5—小柱；6—收口线；

7—圆饼；8—日式 90°平弯弯头；9—扶手托盘；10—缓步台；11—侧板；12—扭弯圆盘；

13—踏板；14—立板；15—扭弯圆饼；16—豪华踏步；17—日式 90°落差上下扬

1）木楼梯刷油漆的工程量不包括楼梯底部，楼梯底部工程量按展开面积计算。

2）木楼梯刷油漆的工程量包括楼梯踏面、梯面、休息平台、楼梯侧面等，为简化计算，定额规定其工程量的计算按楼梯水平投影面积乘以 2.3 的系数。

7. 金属面油漆

（1）清单工程量

1）计算公式

$$m = \rho V (\text{t})$$

式中　m——金属构件质量，t；

　　　ρ——金属构件密度，m^3 / t；

　　　V——金属构件体积，m^3。

或

$$\text{工程量} = \text{图示展开长度} \times \text{宽度（m}^2\text{）}$$

2）工程量计算规则

金属面油漆工程量按设计图示尺寸以质量计算，以吨计量；或按设计展开面积计算，以平方米计量。

（2）定额工程量

1）计算公式

$$m = \rho V (\text{t})$$

式中　m——金属构件质量，t；

ρ——金属构件密度，m^3/t；

V——金属构件体积，m^3。

2）工程量计算规则

金属窗油漆工程量按表 6-7 规定计算，并乘以表列系数以 t 计算。

其他金属面工程量系数表　　**表 6-7**

项目名称	系数	工程量计算方法
钢屋架、天窗架、挡风架、屋架梁、支撑、檩条	1.00	重量（t）
墙架、(空腹式)	0.50	
墙架、(格板式)	0.82	
钢柱、吊车梁、花式梁柱、空花构件	0.63	
操作台、走台、制动梁、钢梁车挡	0.71	
钢栅栏门、栏杆、窗栅	1.71	
钢爬梯	1.18	
轻型屋架	1.42	
踏步式钢扶梯	1.05	
零星铁件	1.32	

8. 抹灰面油漆

（1）清单工程量

1）计算公式

$$工程量=图示面积（m^2）$$

2）工程量计算规则

抹灰面油漆工程量按图示尺寸以面积计算。

（2）定额工程量

计算公式

$$工程量=图示面积\times相应系数（m^2）$$

抹灰面油漆工程量按表 6-8 规定计算，并乘以表列系数以 m^2 计算。

抹灰面油漆、涂料、裱糊工程量系数表　　**表 6-8**

项目名称	系数	工程量计算方法
混凝土楼梯底（板式）	1.15	水平投影面积
混凝土楼梯底（梁式）	1.00	展开面积
混凝土花格窗、栏杆花饰	1.82	单面外围面积
楼地面、天棚、墙、柱、梁面	1.00	展开面积

注：本表为抹灰面油漆、涂料、裱糊。

① 混凝土板式楼梯底、混凝土梁式楼梯底油漆、涂料、裱糊工程量计算与天棚底面装饰工程量计算规则一致。

② 混凝土花格窗、栏杆花饰不扣除空花部分，按单面外围面积计算工程量，由于空花部分也要刷涂料等，为简化计算，故按单面面积乘以 1.82 的系数。

③ 楼地面、天棚、墙、柱、梁面所有部位均需展开按实际施工面积计算。

9. 抹灰线条油漆

（1）计算公式

$$工程量＝图示长度（m）$$

（2）工程量计算规则

抹灰线条油漆工程量按图示尺寸以长度计算。

10. 满刮腻子

（1）计算公式

$$工程量＝图示面积（m^2）$$

（2）工程量计算规则

满刮腻子工程量按设计图示尺寸以面积计算。

6.1.3 喷刷涂料与裱糊工程量

1. 墙面、天棚、木材构件喷刷涂料

（1）计算公式

$$工程量＝图示面积（m^2）$$

（2）工程量计算规则

墙面喷刷涂料、天棚喷刷涂料、木材构件喷刷防火涂料工程量按设计图示尺寸以面积计算。

2. 空花格、栏杆刷涂料

（1）清单工程量

1）计算公式

$$工程量＝单面外围面积（m^2）$$

2）工程量计算规则

空花格、栏杆刷涂料工程量按设计图示尺寸以单面外围面积计算。

（2）定额工程量

1）计算公式

$$工程量＝图示面积×相应系数（m^2）$$

2）工程量计算规则

空花格、栏杆刷涂料工程量按表 6-8 规定计算，并乘以表列系数以 m^2 计算。

3. 线条刷涂料

（1）计算公式

$$工程量＝图示长度（m）$$

（2）工程量计算规则

线条刷涂料工程量按设计图示尺寸以长度计算。

4. 金属构件刷防火涂料

（1）清单工程量

1）计算公式

$$m = \rho V(t)$$

式中　m——金属构件质量，t；

　　　ρ——金属构件密度，m^3/t；

V——金属构件体积，m^3。

或

$$工程量＝图示展开长度×宽度（m^2）$$

2）工程量计算规则

① 按设计图示尺寸以质量计算，以吨计量。

② 按设计展开面积计算，以平方米计量。

（2）定额工程量

1）计算公式

$$工程量＝图示面积×相应系数（m^2）$$

2）工程量计算规则

金属构件涂料工程量按表 6-9 规定计算，并乘以表列系数以 m^2 计算。

平顶屋面涂刷磷化、锌黄底漆工程量系数表　　　　表 6-9

项目名称	系数	工程量计算方法
平板屋面	1.00	斜长×宽
瓦垄板屋面	1.20	
排水、伸缩缝盖板	1.05	展开面积
吸气罩	2.20	水平投影面积
包镀锌铁皮门	2.20	洞口面积

5. 墙纸、织锦缎裱糊

（1）计算公式

$$工程量＝图示面积（m^2）$$

（2）工程量计算规则

墙纸、织锦缎裱糊程量按图示尺寸以面积计算。

6.2　油漆、涂料、裱糊工程工程量手算实例解析

【例 6-1】　图 6-2 为某办公室双层木窗，其中洞口尺寸为 1600mm×2200mm，共 6 樘，设计为刷润油粉一遍，刮腻子，刷调和漆一遍，磁漆两遍。根据已知条件，试计算木窗油漆定额工程量。（按单面洞口面积计算系数为 1.36）

【解】

木窗油漆工程量：

$$S＝1.6×2.2×6×1.36$$
$$＝28.72m^2$$

【例 6-2】　如图 6-3 所示某办公楼会议室双开门节点图，门洞尺寸为宽 1300mm×高 2100mm，墙厚 240mm，试根据计算规则，分别计算其门扇、门套的油漆工程量。

【解】

（1）门扇油漆工程量

$$S＝1.3×2.1$$

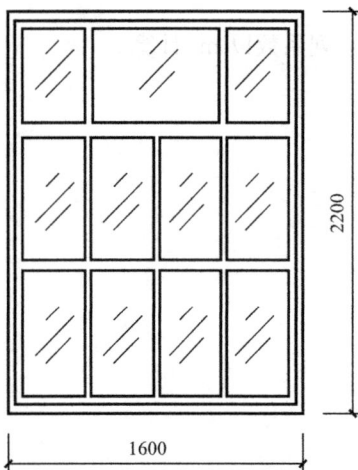

图 6-2　一玻一纱双层木窗

$$= 2.73 \text{m}^2$$

（2）门套油漆工程量

$$S = 0.24 \times (1.3 + 2.1 \times 2)$$
$$= 1.32 \text{m}^2$$

【例 6-3】 已知某住宅房间木墙裙高 1500mm，窗台高 1000mm，窗洞侧涂油漆 100mm 宽，如图 6-4 所示。请根据已知条件计算此墙裙油漆工程量。

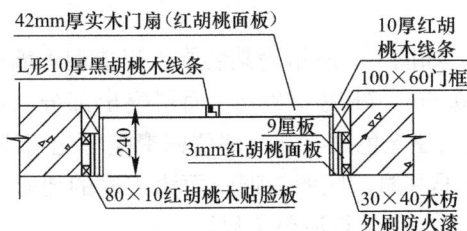

图 6-3 会议室双开门节点图

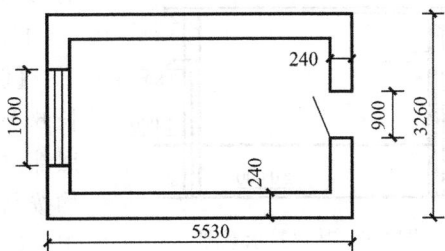

图 6-4 某住宅房间木墙裙示意图（单位：mm）

【解】

墙裙油漆工程量：

$$S = [(5.53 - 0.24 \times 2) \times 2 + (3.26 - 0.24 \times 2) \times 2] \times 1.5 - [1.6$$
$$\times (1.5 - 1.0) + 0.9 \times 1.5] + (1.5 - 1.0) \times 0.1 \times 2$$
$$= 23.49 - 2.15 + 0.1$$
$$= 21.44 \text{m}^2$$

【例 6-4】 图 6-5 所示为某办公室窗扇的防盗钢窗栅，中间使用的 $\phi 8$ 钢筋为 0.395kg/m，数量为 26 根。四周外框及两横档为 $30 \times 30 \times 2.0$ 角钢，30 角钢 1.18kg/m。试计算油漆定额工程量。

【解】

（1）$\phi 8$ 钢筋工程量

$$L = 2.6 \times 26 \text{ 根}$$
$$= 67.6 \text{m}$$

（2）30 角钢长度

$$L = 2.6 \times 2 + 1.5 \times 4$$
$$= 11.2 \text{m}$$

（3）重量

$$m = 0.395 \times 67.6 + 1.18 \times 11.2$$
$$= 39.92 \text{kg}$$

（4）窗栅油漆工程量

$$G = 39.92 \times 1.71$$
$$= 68.26 \text{kg} = 0.068 \text{t}$$

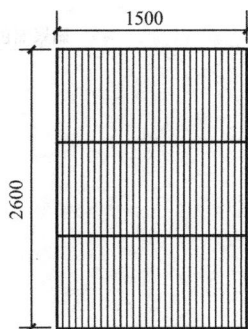

图 6-5 窗扇的防盗钢窗栅（单位：mm）

【例 6-5】 某工程的尺寸如图 6-6 所示，根据已知条件，计算天棚刷喷涂料工程量以及墙面刷乳胶漆的工程量。

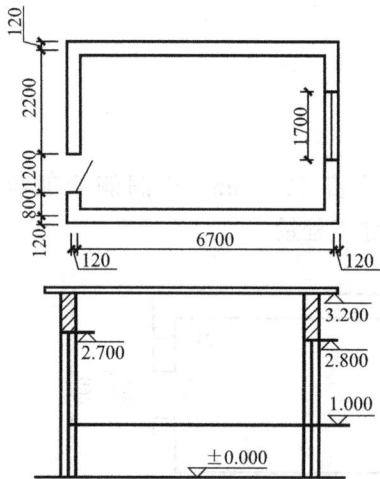

图 6-6 某建筑示意图

【解】

（1）天棚刷喷涂料工程量

$$S=(6.7-0.24)\times(4.2-0.24)$$
$$=25.58\text{m}^2$$

（2）墙面刷乳胶漆工程量

$$S=(6.46+3.96)\times2\times2.20-1.2\times(2.70-1.00)-1.70$$
$$\times1.80+(1.80\times2+1.7+1.7\times2+1.2)\times0.12$$
$$=41.94\text{m}^2$$

【例 6-6】 如图 6-7 所示为某装饰工程造型木墙裙，长 6.1m，高 0.9m，外挑 0.25m。面层突出部分（涂黑部位）刷聚酯亚光色漆，其他部位刷聚酯亚光清漆，均按刷透明腻子一遍、底漆一遍、面漆三遍的要求施工。试根据已知条件计算清单工程量。

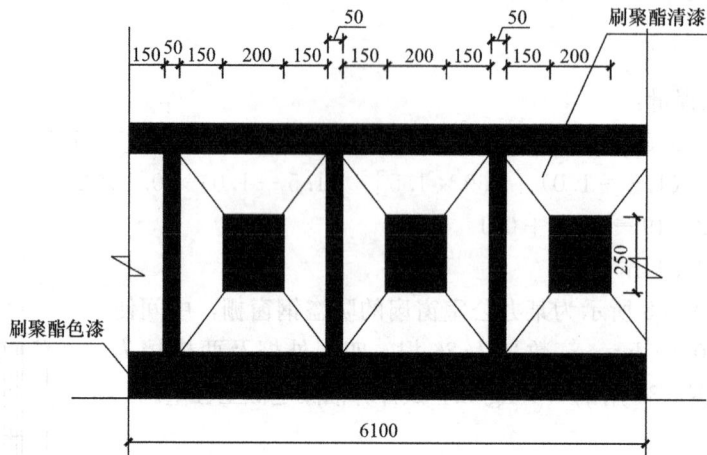

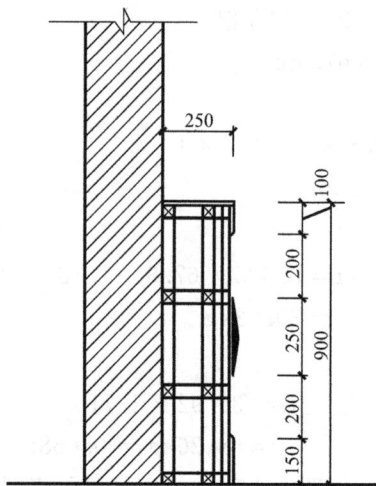

图 6-7 某装饰工程造型木墙裙示意图

138

【解】

(1) 木护墙、木墙裙聚酯亚光清漆工程量

$$\begin{aligned} S_1 &= 6.1 \times 0.9 - 6.1 \times (0.15 + 0.1) - (0.9 - 0.1 - 0.15) \\ &\quad \times 0.05 \times 12 - 0.25 \times 0.2 \times 11 \\ &= 3.03 \text{m}^2 \end{aligned}$$

(2) 木护墙、木墙裙聚酯亚光色漆工程量

$$S_2 = 6.1 \times (0.15 + 0.1) + 0.65 \times 0.05 \times 12 + 0.25 \times 0.2 \times 11 = 2.47 \text{m}^2$$

(3) 木护墙、木墙裙油漆工程量

$$\begin{aligned} S_1 &= S_1 + S_2 \\ &= 3.03 + 2.47 \\ &= 5.5 \text{m}^2 \end{aligned}$$

【例 6-7】 如图 6-8 所示，暖气罩木龙骨细木工板基层、榉木板面层刷底油一遍、透明腻子一遍、聚酯清漆两遍。根据图中所给出的数据，试计算暖气罩油漆定额工程量。

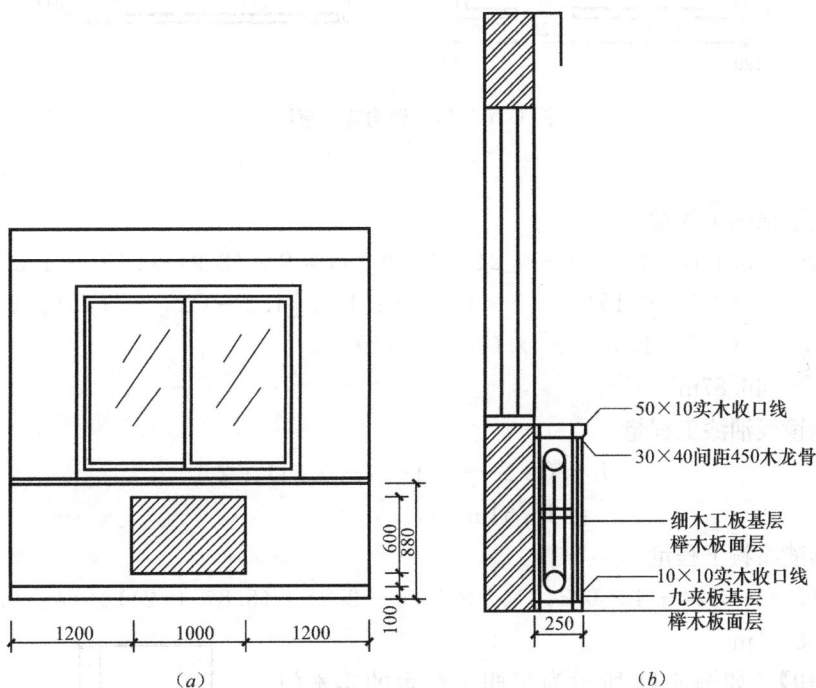

图 6-8 暖气罩示意图

【解】

暖气罩油漆工程量

$$\begin{aligned} S &= (1.2 + 1.0 + 1.2) \times (0.88 + 0.25) \times 1.28 \\ &= 4.92 (\text{m}^2) \end{aligned}$$

【例 6-8】 如图 6-9 所示为某大厅装饰柱面大龙骨大样图，根据图中所提供的数据，求该装饰柱涂饰防火涂料的工程量。

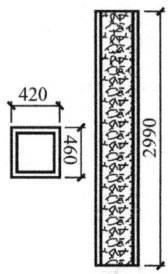

图 6-9 装饰柱木
龙骨大样图

【解】

涂饰防火涂料的工程量

$$S = (0.42 + 0.46) \times 2 \times 2.99$$
$$= 5.26 m^2$$

【例 6-9】 某工程构造如图 6-10 所示，门窗居中安装，门窗框厚均为 80mm。内墙抹灰面满刮腻子 2 遍，贴拼花墙纸；挂镜线底油 1 遍，刮腻子，调和漆 3 遍；挂镜线以上及顶棚刷喷涂料，乳胶漆 3 遍。请计算墙纸裱糊、挂镜线油漆以及刷喷涂料的工程量。

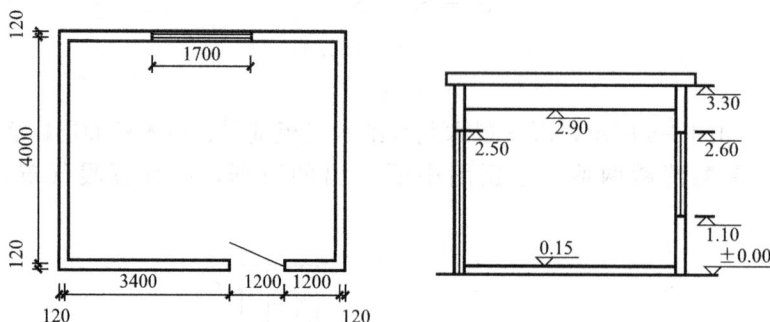

图 6-10　某工程构造示意图

【解】

（1）墙纸裱糊工程量

$$S = (3.4 + 1.2 + 1.2 - 0.24 + 4 - 0.24) \times 2 \times (2.9 - 0.15) - 1.2$$
$$\times (2.5 - 0.15) - 1.7 \times (2.6 - 1.1) + [1.2 + (2.5 - 0.15) \times 2$$
$$+ (1.7 + 1.5) \times 2] \times (0.24 - 0.08)/2$$
$$= 46.87 m^2$$

（2）挂镜线油漆工程量

$$L = (5.8 - 0.24 + 4 - 0.24) \times 2$$
$$= 18.64 m$$

（3）刷喷涂料工程量

$$S = (5.8 - 0.24 + 4 - 0.24) \times 2 \times (3.3 - 2.9) + (5.8 - 0.24) \times (4 - 0.24)$$
$$= 28.55 m^2$$

【例 6-10】 如图 6-11 所示为某职工宿舍的实木门扇，共 21 樘，门扇面层刷亚光面漆（刷底油、刮腻子、漆片两遍、聚氨酯清漆两遍、亚光面漆两遍）；编制其综合单价分析表及分部分项工程和单价措施项目清单与计价表。

【解】

（1）清单工程量：

1）实木门扇安装：36 樘

2）门油漆：36 樘

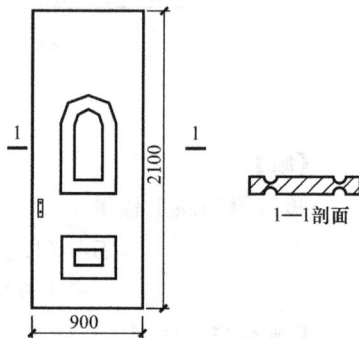

图 6-11　实木门扇示意图

140

（2）定额工程量：

1）单扇门安装：

$$0.9 \times 2.1 = 1.89 \text{m}^2$$

2）单扇门刷油漆：1.89m^2

（3）清单项目每计量单位应包含工程数量：

1）木门制作安装：

$$1.89 \div 21 = 0.09 \text{m}^2$$

2）木门制作安装：0.09m^2

（4）分部分项工程和单价措施项目清单与计价表见表6-10。

分部分项工程和单价措施项目清单与计价表　　　　表6-10

工程名称：木门安装、油漆工程　　　　　　　标段：　　　　　　　　　第　页　共　页

序号	项目编号	项目名称	项目特征描述	计量单位	工程数量	金额/元	
						综合单价	合价
1	010801001001	木质门	1. 门类型：实木装饰门 2. 材料种类及扇外围尺寸：红松硬木锯材900mm×2200mm	樘	21	19.29	405.09
2	011401001001	木门油漆	1. 基层类型：实木有凹凸装饰门 2. 油漆种类刷油要求：亚光面漆；底油、刮腻子、漆片两遍、聚氨酯清漆两遍	樘	21	12.29	258.09
			合计				663.18

（5）根据企业情况确定管理费率160%，利润率110%，计费基础为人工费。综合单价分析表见表6-11、表6-12。

综合单价分析表　　　　　　表6-11

工程名称：木门安装、油漆工程　　　　　　　标段：　　　　　　　　　第　页　共　页

项目编码	010801001001	项目名称	木质门	计量单位	樘	工程量	21

综合单价组成明细

定额编号	项目名称	定额单位	数量	单价/元				合价/元			
				人工费	材料费	机械费	管理费和利润	人工费	材料费	机械费	管理费和利润
4-055	实木装饰门制作、安装等	m²	0.09	37.75	74.7	—	101.93	3.40	6.72	—	9.17
人工单价		小计						3.398	6.723	—	9.174
22.47 元/工日		未计价材料费						—			
清单项目综合单价								19.29			

工程名称：木门安装、油漆工程				标段：					第　页　共　页		
项目编码	011401001001	项目名称		木门油漆		计量单位	樘		工程量		21

综合单价组成明细

定额编号	项目名称	定额单位	数量	单价/元				合价/元			
				人工费	材料费	机械费	管理费和利润	人工费	材料费	机械费	管理费和利润
5-137	清扫、刷底油、打磨、刷腻子、修色、刷油等	m²	0.09	22.09	54.83	—	59.64	1.99	4.93	—	5.37
人工单价				小计				1.99	4.93	—	5.37
22.47 元/工日				未计价材料费				—			
清单项目综合单价								12.29			

【**例 6-11**】 如图 6-12 所示为直栅漏空木隔断，涂刷硝基清漆，试计算其工程量并编制综合单价分析表。

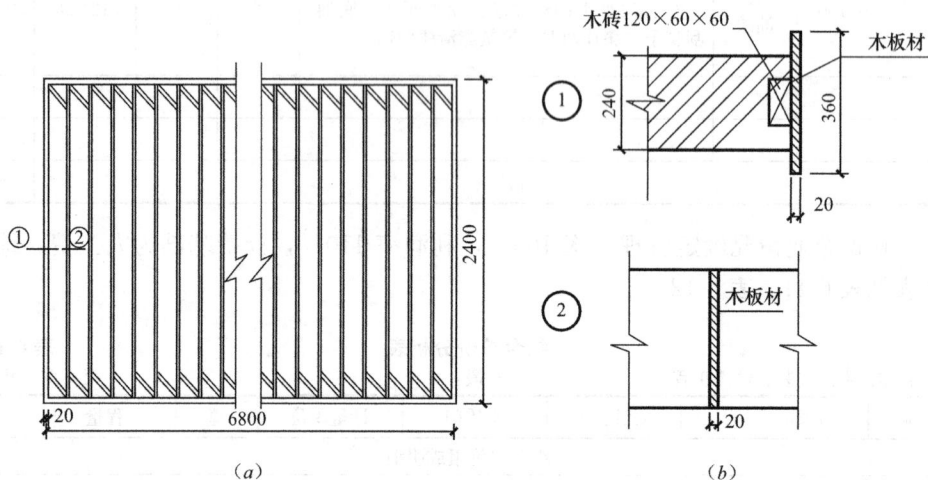

图 6-12　直栅漏空木隔断

(a) 平面图；(b) 节点详图

【**解**】

（1）清单工程量：

$$6.8 \times 2.4 = 16.32 \text{m}^2$$

（2）定额工程量：

1）木隔断工程量：16.32m²

2）油漆工程量：查表 6-5 可知系数为 1.82。

$$16.32 \times 1.82 = 29.70 \text{m}^2$$

（3）清单项目每计量单位应包含工程数量：

1）木隔断工程量：

$$16.32 \div 16.32 = 1 \text{m}^2$$

2）油漆工程量：

$$29.70 \div 16.32 = 1.82 \text{m}^2$$

（4）分部分项工程和单价措施项目清单与计价表见表 6-13。

分部分项工程和单价措施项目清单与计价表　　　　　　　表 6-13

工程名称：直栅漏空隔断油漆工程　　　　　　　　　标段：　　　　　　　　　　第　页　共　页

序号	项目编号	项目名称	项目特征描述	计量单位	工程数量	金额/元	
						综合单价	合价
1	011210001001	木隔断	隔断类型：花式木隔断，直栅漏空	m²	16.32	103.79	1693.85
2	011404008001	木间壁、木隔断油漆	油漆品种：硝基清漆	m²	16.32	186.08	3036.83
			合计				4730.68

（5）根据企业情况确定管理费率 15%，利润 5%，计费基础为直接费。综合单价分析表见表 6-14、表 6-15。

综合单价分析表　　　　　　　　　　　　　　　　表 6-14

工程名称：直栅漏空隔断油漆工程　　　　　　　　　标段：　　　　　　　　　　第　页　共　页

项目编码	011210001001		项目名称	木隔断	计量单位	m²	工程量	16.32

综合单价组成明细

定额编号	定额名称	定额单位	数量	单价/元				合价/元			
				人工费	材料费	机械费	管理费和利润	人工费	材料费	机械费	管理费和利润
2-239	木隔断	m²	1	11.19	44.11	27.73	20.76	11.19	44.11	27.73	20.76
人工单价		小计						11.19	44.11	27.73	20.76
40 元/工日		未计价材料费						—			
清单项目综合单价								103.79			

综合单价分析表

表 6-15

工程名称：直棚漏空隔断油漆工程　　　　标段：　　　　　　　　　　

项目编码	011404008001	项目名称	木间壁、木隔断油漆	计量单位	m²	工程量	16.32

综合单价组成明细										
定额编号	定额名称	定额单位	数量	单价/元				合价/元			
				人工费	材料费	机械费	管理费和利润	人工费	材料费	机械费	管理费和利润
5-080	木间壁、木隔断油漆	m²	1.82	31.09	26.17	—	14.32	62.18	95.26	—	28.64
人工单价		小计					62.18	95.26	—	28.64
40元/工日		未计价材料费					—			
清单项目综合单价								186.08			

7 其他装饰工程手工算量与实例精析

7.1 其他装饰工程工程量手算方法

7.1.1 柜类、货架工程量

1. 清单工程量
（1）计算公式

$$工程量＝图示数量（个）$$

或

$$工程量＝图示长度（m）$$

或

$$工程量＝图示高度×宽度×高（厚）度（m^3）$$

（2）工程量计算规则

柜台、酒柜、衣柜、存包柜、鞋柜、书柜、厨房壁柜、木壁柜、厨房低柜、厨房吊柜、矮柜、吧台背柜、酒吧吊柜、酒吧台、展台、收银台、试衣间、货架、书架、服务台工程量按设计图示数量计量，以个计量；或按设计图示尺寸以延长米计算，以米计量；或按设计图示尺寸以体积计算，以立方米计量。

台、柜工程量以"个"计算，即能分离的同规格的单体个数计算，如：柜台有同规格为 1500mm×400mm×1200mm 的 5 个单体。另有 1 个规格为 1500mm×400mm×1150mm，台底安装胶轮 4 个，以便柜台内营业员由此进入，这样 1500mm×400mm×1200mm 规格的柜台数为 5 个，1500mm×400mm×1150mm 柜台数为 1 个。

2. 定额工程量
（1）计算公式

$$工程量＝正立面的高度×宽度（m^2）$$

（2）工程量计算规则

货架、柜橱类均以正立面的高（包括脚的高度在内）乘以宽以平方米计算。

7.1.2 压条、装饰线工程量

1. 计算公式

$$工程量＝图示长度（m）$$

2. 工程量计算规则

金属装饰线、木质装饰线、石材装饰线、石膏装饰线、镜面玻璃线、铝塑装饰线、塑料装饰线、GRC 装饰线条工程量按图示尺寸以延长米计算。

7.1.3 扶手、栏杆、栏板装饰工程量

1. 计算公式

$$工程量＝图示长度（包括弯头）（m）$$

2. 工程量计算规则

金属扶手、栏杆、栏板，硬木扶手、栏杆、栏板，塑料扶手、栏杆、栏板，GRC栏杆、扶手，金属靠墙扶手，硬木靠墙扶手，塑料靠墙扶手，玻璃栏板工程量按设计图示以扶手中心线长度（包括弯头长度）计算。

7.1.4 暖气罩及浴厕配件工程量

1. 暖气罩

（1）清单工程量

1）计算公式

$$工程量＝垂直投影面积（m^2）$$

2）工程量计算规则

暖气罩工程量按设计图示尺寸以垂直投影面积（不展开）计算。

（2）定额工程量

1）计算公式

$$工程量＝暖气罩外围长度×宽（m^2）$$

2）工程量计算规则

暖气罩（包括脚的高度在内）工程量按边框外围尺寸垂直投影面积计算。

暖气罩是为了改善室内的视觉效果，而设置的一种遮挡暖气片或暖气管道的装饰物。

定额中，暖气罩按材料分为柚木板、塑料面、铝合金、钢板暖气罩；安装工艺分挂板式、平式、明式。因此，在使用定额时，要对照设计图纸弄清暖气罩的材料及安装工艺，凡设计与定额不符者，均可按定额取定价进行换算。

（3）暖气罩按安装的方式分为挂板式、明式和平墙式

① 挂板式是指遮挡饰面板，直接挂在焊接到暖气片或暖气管的挂勾上，这种形式比较简单，如图7-1（a）所示。

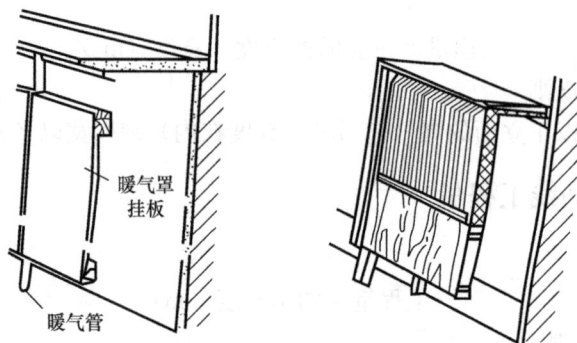

（a）

图 7-1 暖气罩（一）

（a）挂板式

146

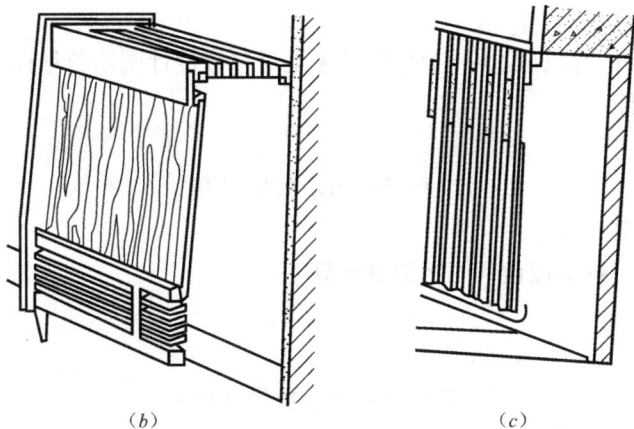

图 7-1 暖气罩（二）

(b) 明式；(c) 平墙式

② 明式是指暖气罩凸出内墙面的罩器，如图 7-1 (b) 所示。

③ 平墙式多用于为安放暖气片而专门砌筑的壁龛内的情况，暖气罩饰面大致与墙平，不占用室内面积，如图 7-1 (c) 所示。

2. 洗漱台

（1）清单工程量

1）计算公式

$$工程量＝台面外接矩形面积＋挡板、吊沿板面积（m^2）$$

或

$$工程量＝图书数量（个）$$

2）工程量计算规则

① 按设计图示尺寸以台面外接矩形面积计算。不扣除孔洞、挖弯、削角所占面积，挡板、吊沿板面积并入台面面积内。

② 按设计图示数量计算。

（2）定额工程量

1）计算公式

$$工程量＝台面投影面积（m^2）$$

2）工程量计算规则

大理石洗漱台以台面投影面积计算（不扣除空洞面积）。

洗漱台是卫生间中用于支承台式洗脸盆，搁放洗漱、卫生用品，同时装饰卫生间，使之显示豪华气派风格的台面。洗漱台一般用纹理颜色具有较强的装饰性的云石和花岗石光面板材经磨边、开孔制作而成。台面一般厚 20mm，宽约 570mm，长度视卫生间大小和台上洗脸盆数量而定。一般单个面盆台面长有 1m、1.2m、1.5m；双面盆台面长则在 1.5m 以上。

3. 晒衣架、帘子杆、浴缸拉手、卫生间扶手

（1）计算公式

$$工程量＝图示数量（个）$$

（2）工程量计算规则

晒衣架、帘子杆、浴缸拉手、卫生间扶手工程量按设计图示数量计算。

4. 毛巾杆（架）

（1）计算公式

$$工程量＝图示数量（套）$$

（2）工程量计算规则

毛巾杆（架）工程量按设计图示数量计算。

5. 毛巾环

（1）计算公式

$$工程量＝图示数量（副）$$

（2）工程量计算规则

毛巾环工程量按设计图示数量计算。

6. 卫生纸盒、肥皂盒

（1）计算公式

$$工程量＝图示数量（个）$$

（2）工程量计算规则

卫生纸盒、肥皂盒工程量按设计图示数量计算。

7. 镜面玻璃

（1）清单工程量

1）计算公式

$$工程量＝镜面玻璃外围长度×宽（m^2）$$

2）工程量计算规则

镜面玻璃工程量按设计图示尺寸以边框外围面积计算。

（2）定额工程量

1）计算公式

$$工程量＝镜面玻璃正立面面积（m^2）$$

2）工程量计算规则

镜面玻璃安装以正立面面积计算。

8. 镜箱

（1）清单工程量

1）计算公式

$$工程量＝图示数量（个）$$

2）工程量计算规则

镜箱工程量按设计图示数量计算。

（2）定额工程量

1）计算公式

$$工程量＝正立面面积（m^2）$$

2）工程量计算规则

盥洗室木镜箱以正立面面积计算。

7.1.5 其他室外装饰配件

1. 金属旗杆

（1）清单工程量

1）计算公式

$$工程量＝图示数量（根）$$

2）工程量计算规则

金属旗杆工程量按设计图示数量计算。

（2）定额工程量

1）计算公式

$$工程量＝图示长度（m）$$

2）工程量计算规则

不锈钢旗杆以延长米计算。

2. 平面招牌、箱式招牌

（1）计算公式

$$工程量＝平面招牌外围长度×宽（m^2）$$

（2）工程量计算规则

平面招牌、箱式招牌工程量按设计尺寸以正立面边框外围面积计算，复杂性的凹凸造型部分亦不增减。

1）沿雨篷、檐口或阳台走向的立式招牌基层，按平面招牌复杂项目执行时，应按展开面积计算。

2）平面招牌是指直接挂钉在建筑物表面的招牌，也称为附贴式招牌，一般凸出墙面很小，还可固定在大面积玻璃窗上。通常可分为一般形式和复杂形式两类。一般形式是指正立面平整无凸出面的形式；复杂形式是指正立面有凸起或有造型的形式。

3）箱式招牌是指凸出建筑物表面的招牌，一般在500mm左右，也称为外挑式、悬挂式招牌。它挑出的距离可以根据造型效果和功能而定，如做成雨篷和灯箱等。

3. 竖式标箱

（1）清单工程量

1）计算公式

$$工程量＝图示数量（个）$$

2）工程量计算规则

竖式标箱工程量按设计图示数量计算。

（2）定额工程量

1）计算公式

$$工程量＝标箱外围体积（m^3）$$

2）工程量计算规则

竖式标箱的基层，按外围体积计算。突出箱外的灯饰、店徽及其他艺术装潢等均另行计算。

4. 灯箱

（1）清单工程量

1）计算公式

$$工程量＝图示数量（个）$$

2）工程量计算规则

灯箱工程量按设计图示数量计算。

（2）定额工程量

1）计算公式

$$工程量＝展开面积（m^2）$$

2）工程量计算规则

灯箱的面层按展开面积以平方米计算。

灯箱是装上灯具的招牌，悬挂在墙上或其他支撑物上。

灯箱由框和面板组成。由于灯箱的尺寸很小，可选用30mm×40mm、40mm×50mm 木材或型钢做边框。边框的设置应考虑箱与灯具支架的位置以及灯线引入孔和检修的方便。面板用有机玻璃最为合适，因其既透光、光线又不刺眼，同时这种材料不怕雨，易加工。面板与边框用铁钉或螺栓连接。如图 7-2 所示为灯箱构造示意图。

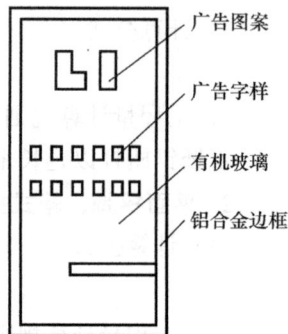

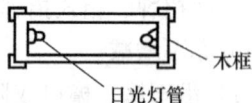

5. 美术字

（1）清单工程量

1）计算公式

$$工程量＝图示数量（个）$$

2）工程量计算规则

美术字工程量按设计图示数量计算。

（2）定额工程量

1）计算公式

$$工程量＝图示数量（个）$$

2）工程量计算规则

美术字安装按字的最大外围矩形面积以个计算。

图 7-2 灯箱构造示意图

7.2 其他装饰工程工程量手算实例解析

【例 7-1】 某卫生间墙面立面图，如图 7-3 所示，根据已知条件计算该立面墙镜面不锈钢边、镜面玻璃、不锈钢毛巾环、挂贴啡网纹石材装饰线（及现场磨 45°斜边）、不锈钢卫生纸盒等安装的定额工程量。

【解】

（1）镜面不锈钢装饰线安装工程量

$$L＝(0.03×2＋1.6)×2＋1×2＝5.32m$$

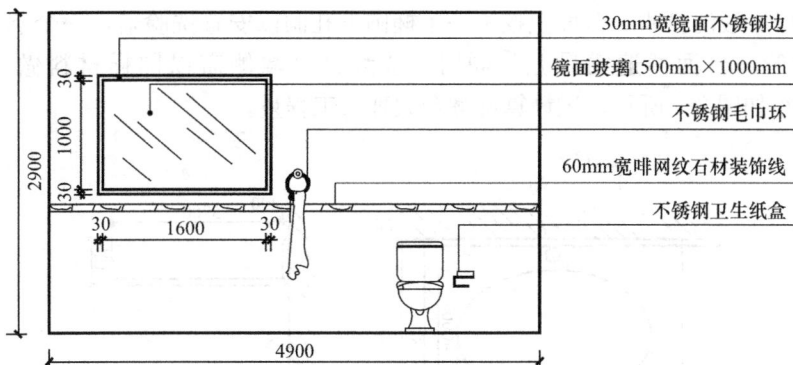

图 7-3 某卫生间墙面立面示意图

（2）镜面玻璃安装工程量

$$S = 1.6 \times 1 = 1.6 \text{m}^2$$

（3）挂贴宽啡网纹石材装饰线的安装工程量

4.9m

（4）宽啡网纹石材现场磨 45°斜边的安装工程量

4.9m

（5）不锈钢毛巾环安装的工程量

1只

（6）不锈钢卫生纸盒安装的工程量

1只

【例 7-2】 如图 7-4 所示某鞋柜，已知鞋柜中间有一宽为 700mm 的穿衣镜。现根据已知条件，试计算鞋柜制作工程工程量。

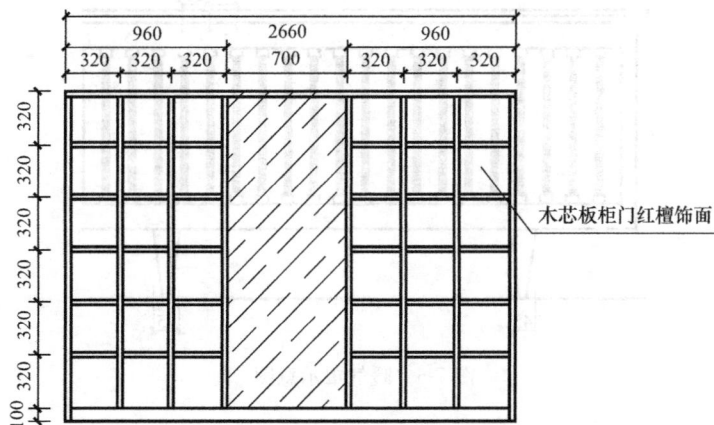

图 7-4 鞋柜样式图

【解】

$$S = (0.32 \times 6 + 0.1) \times (0.96 \times 2 + 0.7)$$
$$= 5.29 \text{m}^2$$

【例 7-3】 已知某宾馆需要制作安装 38 个卫生间洗漱台台面，采用国产绿金玉大理

151

石，安装完毕后酸洗打蜡，台面上挖去一个椭圆形孔洞以安置洗脸盆，一个 $\phi20$ 的孔洞以安置冷热水管，台面两遍需圆角。同时，洗漱台靠墙侧需以同样材料做一挡板，高 100mm。大小如图7-5所示。试计算洗漱台大理石工程量。

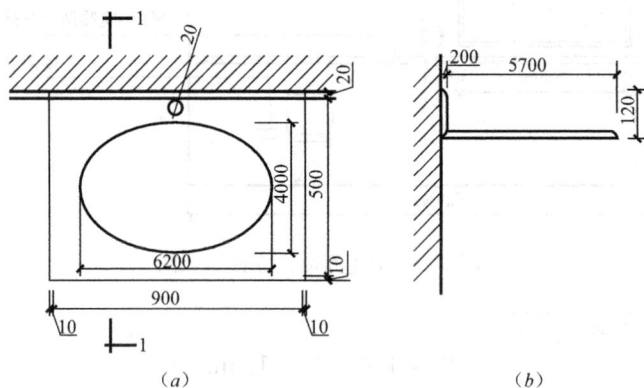

图7-5 洗漱台示意图

(a) 平面图；(b) 剖面图

【解】

洗漱台工程量

$$S = [(0.9+0.01\times2)\times(0.5+0.02+0.01)+0.1\times(0.9+0.01\times2)]\times 38$$
$$= 22.02\text{m}^2$$

【例7-4】 如图7-6所示为樱桃木暖气罩示意图，长为1.8m，宽为0.5m共11个，设计为过氯乙烯漆五遍（刮腻子、底漆一遍、磁漆两遍、清漆两遍），试计算工程量。

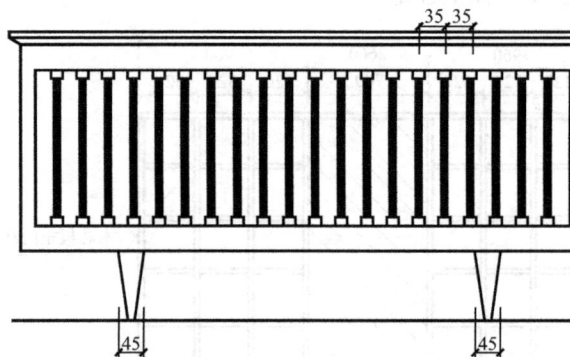

图7-6 暖气罩示意图

【解】

（1）暖气罩清单工程量

$$S = 1.8\times0.5\times11$$
$$= 9.9\text{m}^2$$

（2）消耗量定额工程量

1）暖气罩制作工程量：

$$S = 1.8 \times 0.5 \times 11$$
$$= 9.9(m^2)$$

2）暖气罩油漆工程量：

$$S = 1.8 \times 0.5 \times 11 \times 1.28$$
$$= 12.67 m^2$$

【例 7-5】 如图 7-7 所示为平墙式暖气罩示意图，五合板基层，榉木板面层，机制木花格散热口，共 23 个，计算饰面板暖气罩的工程量。

【解】

饰面板暖气罩工程量

$$S = (1.65 \times 1.0 - 1.20 \times 0.15 - 0.90 \times 0.35) \times 23$$
$$= 26.57 m^2$$

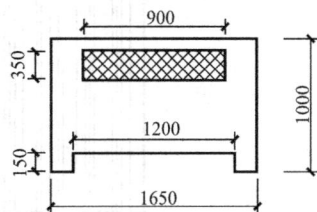

图 7-7　平墙式暖气罩示意图

【例 7-6】 某宾馆招牌，长 12m，高 1.5m，钢结构龙骨，九夹板基层，塑铝板面层，上嵌 8 个 1100mm×1100mm 泡沫塑料有机玻璃面大字，计算工程量。

【解】

（1）平面招牌工程量

$$S = 12 \times 1.5$$
$$= 18 m^2$$

（2）泡沫塑料字工程量

8 个

（3）有机玻璃字程量

8 个

【例 7-7】 某商店采用箱式招牌，尺寸如图 7-8 所示基层材料为细木工板，铝塑板面层，支架用角钢制作，需要刷三遍防锈漆。招牌上有 5 个 900mm×900mm 的有机玻璃大字，计算工程量。

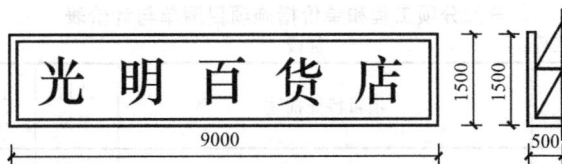

图 7-8　招牌正、侧面示意图

【解】

（1）平面、箱式招牌工程量

$$S = 9 \times 1.5 = 13.5 m^2$$

（2）有机玻璃字工程量

5 个

【例 7-8】 如图 7-9 所示为某商场展台样式，长为 2500mm，宽为 1480mm，高为

3200mm，试计算其工程量并编制综合单价计价表。

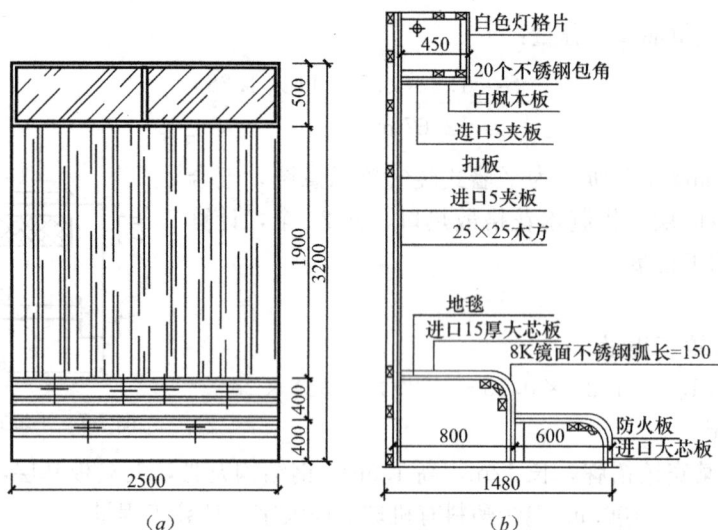

图 7-9　展台示意图

(a) 立面图；(b) 侧剖图

【解】

（1）清单工程量：

柜类、货架清单工程数量：1 个

（2）定额工程量：

展台工程量：2.5m

（3）清单项目每计量单位应包含工程数量：

展台制作：2.5÷1＝2.5（m）

（4）分部分项工程和单价措施项目清单与计价表见表 7-1。

分部分项工程和单价措施项目清单与计价表　　　　　表 7-1

工程名称：某展台安装工程　　　　　　　标段：　　　　　　　　　　第　页　共　页

序号	项目编号	项目名称	项目特征描述	计量单位	工程数量	金额/元	
						综合单价	合价
1	011501015001	展台	1. 台柜规格：2500mm × 3200mm × 1480mm 2. 材料种类：白枫木贴面板、防火板	个	1	3167.38	3167.38
			合计				3167.38

（5）根据企业情况确定管理费率 170%，利润率 120%，计费基础为人工费。综合单价分析表见表 7-2。

154

综合单价分析表

表 7-2

工程名称：某展台安装工程　　　　　　标段：　　　　　　　　　　　　　第 页 共 页

| 项目编码 | 011501015001 | 项目名称 | 展台 | 计量单位 | 个 | 工程量 | 1 |

清单综合单价组成明细

定额编号	定额名称	定额单位	数量	单价/元				合价/元			
				人工费	材料费	机械费	管理费和利润	人工费	材料费	机械费	管理费和利润
6-129	展台制作	m	2.5	150.5	650	30	436.45	376.25	1625	75	1091.13
人工单价		小计						376.25	1625	75	1091.13
25元/工日		未计价材料费						—			
清单项目综合单价								3167.38			

155

8 装饰装修工程工程量计价编制应用实例

8.1 装饰装修工程投标报价编制

现以某楼装饰装修工程为例介绍投标报价编制（由委托工程造价咨询人编制）。

1. 封面

【填制说明】 投标总价封面的应填写投标工程的具体名称，投标人应盖单位公章。

投标总价封面

_ ＸＸ楼装饰装修 _ 工程

投 标 总 价

投 标 人： _ ＸＸ建筑装饰装修公司 _

（单位盖章）

ＸＸ年Ｘ月Ｘ日

2. 扉页

【填制说明】 投标人编制投标报价时，投标总价扉页由投标人单位注册的造价人员编制，投标人盖单位公章，法定代表人或其授权人签字或盖章，编制的造价人员（造价工程师或造价员）签字盖执业专用章。

投标总价扉页

投 标 总 价

招 标 人：<u>　　　　　××市房地产开发公司　　　　　</u>

工 程 名 称：<u>　　　　　　××楼装饰装修工程　　　　　</u>

投标总价（小写）：<u>　　　　216093.85元　　　　　　</u>

（大写）：<u>　　贰拾壹万陆仟零玖拾叁元捌角伍分　　</u>

投 标 人：<u>　　　　　××建筑装饰装修公司　　　　　</u>

（单位盖章）

法定代表人

或其授权人：<u>　　　　　　　　　×××　　　　　　　　</u>

（签字或盖章）

编 制 人：<u>　　　　　　　　　×××　　　　　　　　　</u>

（造价人员签字盖专用章）

编制时间：××年×月×日

3. 总说明

【填制说明】 编制投标报价的总说明内容应包括：

（1）采用的计价依据。

（2）采用的施工组织设计。

（3）综合单价中风险因素、风险范围（幅度）。

（4）措施项目的依据。

总说明

1. 编制依据：
1.1 建设方提供的××楼装饰装修工程施工图、招标邀请书等一系列招标文件。
2. 编制说明：
2.1 经核算建设方招标书中发布的"工程量清单"中的工程数量基本无误。
2.2 我公司编制的该工程施工方案，基本与招标控制价的施工方案相似，所以措施项目与招标控制价采用的一致。
2.3 经我公司实际进行市场调查后，建筑材料市场价格确定如下：
2.3.1 其他所有材料均在×市建设工程造价主管部门发布的市场材料价格上下浮3％。
2.3.2 按我公司目前资金的技术能力、该工程各项施工费率值取定如下：(略)。

4. 投标控制价汇总表

【填制说明】由于编制招标控制价和投标控制价包含的内容相同，只是对价格的处理不同，因此，对招标控制价和投标报价汇总表的设计使用同一表格。实践中，招标控制价或投标报价可分别印制该表格。

与招标控制价的表样一致，此处需要说明的是，投标报价汇总表与投标函中投标报价金额应当一致。就投标文件的各个组成部分而言，投标函是最重要的文件，其他组成部分都是投标函的支持性文件，投标函是必须经过投标人签字盖章，并且在开标会上必须当众宣读的文件。如果投标报价汇总表的投标总价与投标函填报的投标总价不一致，应当以投标函中填写的大写金额为准。实践中，对该原则一直缺少一个明确的依据，为了避免出现争议，可以在"投标人须知"中给予明确，用在招标文件中预先给予明示约定的方式来弥补法律法规依据的不足。

建设项目投标报价汇总表

工程名称：××楼装饰装修工程 第1页 共1页

序号	单项工程名称	金额/元	其中：/元		
			暂估价	安全文明施工费	规费
1	××楼装饰装修工程	216093.85	92875.78	5795.71	17432.55
	合　计	216093.85	92875.78	5795.71	17432.55

注：本表适用于建设项目招标控制价或投标报价的汇总。

158

单项工程投标报价汇总表

工程名称：××楼装饰装修工程　　　　　　　　　　　　　　　　　　第1页 共1页

序号	单位工程名称	金额/元	其中：/元		
			暂估价	安全文明施工费	规费
1	××楼装饰装修工程	216093.85	92875.78	5795.71	17432.55
	合　计	216093.85	92875.78	5795.71	17432.55

注：本表适用于单项工程招标控制价或投标报价的汇总。暂估价包括分部分项工程中的暂估价和专业工程暂估价。

单位工程投标报价汇总表

工程名称：××楼装饰装修工程　　　　　　　　　　　　　　　　　　第1页 共1页

序　号	汇总内容	金额/元	其中：暂估价/元
1	分部分项工程	150566.03	92875.78
0111	楼地面工程	53441.65	40069.38
0112	墙、柱面工程	28624.41	15475.85
0113	天棚工程	11857.41	8403.43
0108	门窗工程	54783.32	28927.12
0114	油漆、涂料、裱糊工程	1859.24	
2	措施项目	22236.90	
2.1	其中：安全文明施工费	5795.71	
3	其他项目	18726.50	
3.1	其中：暂列金额	10000.00	
3.2	其中：专业工程暂估价	3000.00	
3.3	其中：计日工	4666.50	
3.4	其中：总承包服务费	1060.00	
4	规费	17432.55	
5	税金	7131.87	
	投标报价合计＝1＋2＋3＋4＋5	216093.85	92875.78

注：本表适用于单位工程招标控制价或投标报价的汇总，单项工程也使用本表汇总。

5. 分部分项工程和单价措施项目清单与计价表

【填制说明】 编制投标报价时，招标人对分部分项工程和单价措施项目清单与计价表中的"项目编码"、"项目名称"、"项目特征"、"计量单位"、"工程量"均不应作改动。"综合单价"、"合价"自主决定填写，对其中的"暂估价"栏，投标人应将招标文件中提供了暂估材料单价的暂估价进入综合单价，并应计算出暂估单价的材料在"综合单价"及其"合价"中的具体数额，因此，为更详细反应暂估价情况，也可在表中增设一栏"综合单价"其中的"暂估价"。

分部分项工程和单价措施项目清单与计价表（一）

工程名称：××楼装饰装修工程 　　　　　标段： 　　　　　第1页　共2页

序号	项目编码	项目名称	项目特征描述	计量单位	工程量	金额（元） 综合单价	合价	其中 暂估价
			0111　楼地面工程					
1	011101001001	水泥砂浆楼地面	1. 部位：二层楼地面 2. 面层厚度：厚20mm 3. 砂浆配合比：1：2水泥砂浆	m²	10.68	8.62	92.06	
2	011102001001	石材楼地面	1. 部位：一层楼地面 2. 垫层种类、厚度：C10混凝土垫层，粒径40mm，厚8mm 3. 面层材料品种、规格：大理石面层，0.80m×0.80m	m²	83.25	203.75	16962.19	11236.45
			（其他略）					
			分部小计				53441.65	40069.38
			0112　墙、柱面工程					
3	011201001001	墙面一般抹灰	1. 底层材料、厚度：混合砂浆，15mm厚 2. 面层材料：888涂料三遍	m²	926.15	13.28	12299.27	
4	011204003001	块料墙面	1. 部位：瓷板墙裙，砖墙面层 2. 砂浆种类、厚度：1：3水泥砂浆，17mm厚	m²	66.32	35.00	2321.20	1697.35
			（其他略）					
			分部小计				28624.41	15475.85
			0113　天棚工程					
5	011301001001	天棚抹灰	1. 砂浆配合比、厚度：1：1：4水泥、石灰砂浆，7mm厚；1：0.5：3水泥砂浆，5mm厚 2. 面层材料：888涂料三遍	m²	123.61	13.30	1644.01	
			分部小计				1644.01	
			本页小计				83710.07	
			合计				83710.07	55545.23

工程名称：××楼装饰装修工程　　　　　　　　标段：　　　　　　　　　　　　第2页　共2页

序号	项目编码	项目名称	项目特征描述	计量单位	工程量	金额（元）		
						综合单价	合价	其中
								暂估价
			0113　天棚工程					
6	011302002001	格栅吊顶	1. 龙骨材料种类、规格：不上人型U型轻钢龙骨，600×600 2. 面层材料种类、规格：石膏板面层，600×600	m²	162.40	49.62	8058.29	4697.76
			（其他略）					
			分部小计				11857.41	8403.43
			0108　门窗工程					
7	010801001001	胶合板门	1. 门代号：胶合板门M-2 2. 门材料：杉木框钉5mm胶合板；面层3mm厚榉木板 3. 门构件、数量：门碰、执手锁11个	樘	13	427.50	5557.50	2900.65
8	010807001001	金属平开窗	1. 窗材料、厚度：铝合金平开窗，铝合金1.2mm厚 2. 玻璃品种、厚度：50系列5mm厚白玻璃	樘	8	276.22	2209.76	1375.64
			（其他略）					
			分部小计				54783.32	28927.12
			0114　油漆、涂料、裱糊工程					
9	011406001001	抹灰面油漆	1. 外墙门窗套外墙漆 2. 水泥砂浆面上刷外墙漆	m²	42.82	43.42	1859.24	
			分部小计				1859.24	
			本页小计				68499.97	37330.55
			合计				152210.04	92875.78

6. 综合单价分析表

【填制说明】　工程量清单综合单价分析表是评标委员会评审和判别综合单价组成以及其价格完整性、合理性的主要基础，对因工程变更、工程量偏差等原因调整综合单价也是必不可少的基础价格数据来源。采用经评审的最低投标价法评标时，该分析表的重要性更加突出。

综合单价分析表集中反映了构成每一个清单项目综合单价的各个价格要素的价格及主要的"工、料、机"消耗量。投标人在投标报价时，需要对每一个清单项目进行组价，为了使组价工作具有可追溯性（回复评标质疑时尤其需要），需要表明每一个数据的来源。该分析表实际上是投标人借助计算机辅助报价系统，可以由电脑自动生成，并不需要投标人付出太多额外劳动。

综合单价分析表一般随投标文件一同提交，作为已标价工程量清单的组成部分，以便中标后，作为合同文件的附属文件。投标人须知中需要就该分析表提交的方式做出规定，该规定需要考虑是否有必要对该分析表的合同地位给予定义。一般而言，该分析表所载明的价格数据对投标人是有约束力的，但是投标人能否以此作为投标报价中的错报和漏报等的依据而寻求招标人的补偿是实践中值得注意的问题。比较恰当的做法似乎应当是，通过评标过程中的清标、质疑、澄清、说明和补正机制，不但解决工程量清单综合单价的合理性问题，而且将合理化的综合单价反馈到综合单价分析表中，形成相互衔接、相互呼应的最终成果，在这种情况下，即便是将综合单价分析表定义为有合同约束力的文件，上述顾虑也就没有必要了。

编制综合单价分析表时对辅助性材料不必细列，可归并到其他材料费中以金额表示。

编制投标报价时，综合单价分析表应填写使用的企业定额名称，也可填写使用的省级或行业建设主管部门发布的计价定额，如不使用则不填写。

综合单价分析表

工程名称：××楼装饰装修工程　　　　标段：　　　　　　　　　　　　　第1页　共1页

项目编码	011406001001		项目名称	抹灰面油漆	计量单位	m²	工程量	43.42

清单综合单价组成明细

定额编号	定额项目名称	定额单位	数量	单价				合价			
				人工费	材料费	机械费	管理费和利润	人工费	材料费	机械费	管理费和利润
BE0267	抹灰面满刮耐水腻子	100m²	0.01	360.00	2550.00	—	110.00	3.60	25.50	—	1.10
BE0267	外墙乳胶底漆一遍面漆二遍	100m²	0.01	320.00	900.00	—	102.00	3.20	9.00	—	1.02
人工单价			小计					6.80	34.50	—	2.12
45元/工日			未计价材料费								
清单项目综合单价								43.42			

	主要材料名称、规格、型号			单位	数量	单价（元）	合价（元）	暂估单价（元）	暂估合价（元）
材料费明细	耐水成品腻子			kg	2.50	9.90	24.75		
	×××牌乳胶漆面漆			kg	0.353	19.50	6.88		
	×××牌乳胶漆底漆			kg	0.136	16.50	2.24		
	其他材料费					—	0.63		
	材料费小计					—	34.50	—	

注：1. 如不使用省级或行业建设主管部门发布的计价依据，可不填定额编号、名称等。
　　2. 招标文件提供了暂估价的材料，按暂估的单价填入表内"暂估单价"栏及"暂估合价"栏。

（其他工程综合单价分析表略）

7. 总价措施项目清单与计价表

【填制说明】　编制投标报价时，总价措施项目清单与计价表中除"安全文明施工费"必须按《建设工程工程量清单计价规范》GB 50500—2013 的强制性规定，按省级或行业建设主管部门的规定记取外，其他措施项目均可根据投标施工组织设计自主报价。

总价措施项目清单与计价表

工程名称：××楼装饰装修工程　　　　　　标段：　　　　　　　　　　第1页　共1页

序号	项目编码	项目名称	计算基础	费率（%）	金额/元	调整费率（%）	调整后金额/元	备注
1	011707001001	安全文明施工费	直接费	1.98	5795.71			
2	011707002001	夜间施工增加费	人工费	3	1806.78			
3	011707004001	二次搬运费	人工费	2	1204.52			
4	011707005001	冬雨期施工增加费	人工费	1	602.26			
5	011707007001	已完工程及设备保护费			1500.00			
6	011703001001	垂直运输机械费			3800.00			
	（其他略）							
	合　计				22236.90			

编制人（造价人员）：　　　　　　　　　复核人（造价工程师）：

注：1. "计算基础"中安全文明施工费可为"定额基价"、"定额人工费"或"定额人工费＋定额机械费"，其他项目可为"定额人工费"或"定额人工费＋定额机械费"。

2. 按施工方案计算的措施费，若无"计算基础"和"费率"的数值，也可只填"金额"数值，但应在备注栏说明施工方案出处或计算方法。

8. 其他项目清单与计价汇总表

【填制说明】　编制投标报价时，其他项目清单与计价汇总表应按招标工程量清单提供的"暂估金额"和"专业工程暂估价"填写金额，不得变动。"计日工"、"总承包服务费"自主确定报价。

其他项目清单与计价汇总表

工程名称：××楼装饰装修工程　　　　　　标段：　　　　　　　　　　第1页　共1页

序号	项目名称	金额/元	结算金额/元	备　注
1	暂列金额	10000.00		
2	暂估价	3000.00		
2.1	材料（工程设备）暂估价	—		
2.2	专业工程暂估价	3000.00		
3	计日工	4666.50		
4	总承包服务费	1060.00		
5				
	合计	18726.50		—

注：材料（工程设备）暂估单价进入清单项目综合单价，此处不汇总。

（1）暂列金额明细表

【填制说明】 要求招标人能将暂列金额与你用项目列出明细，但如确实不能详列也可只列暂定金额总额，投标人应将上述暂列金额计入投标总价中。

暂列金额明细表

工程名称：××楼装饰装修工程　　　　　　　　标段：　　　　　　　　　第1页　共1页

序号	项目名称	计量单位	暂列金额/元	备　注
1	政策性调整和材料价格风险	项	5000.00	
2	工程量清单中工程量变更和设计变更	项	4000.00	
3	其他	项	1000.00	
	合计		10000.00	—

注：此表由招标人填写，如不能详列，投也可只列暂定金额总额，投标人应将上述暂列金额计入投标总价中。

（2）材料（工程设备）暂估单价及调整表

【填制说明】 暂估价是在招标阶段预见肯定要发生，只是因为标准不明确或者需要由专业承包人完成，暂时无法确定材料、工程设备的具体价格而采用的一种临时性计价方式。暂估价的材料、工程设备数量应在表内填写，拟用项目应在本表备注栏给予补充说明。

要求招标人针对每一类暂估价给出相应的拟用项目，即按照材料、工程设备的名称分别给出，这样的材料、工程设备暂估价能够纳入到清单项目的综合单价中。

还有一种是给一个原则性的说明，原则性说明对招标人编制工程量清单而言比较简单，能降低招标人出错的概率。但是，对投标人而言，则很难准确把握招标人的意图和目的，很难保证投标报价的质量，轻则影响合同的可执行力，极端的情况下，可能导致招标失败，最终受损失的也包括招标人自己，因此，这种处理方式是不可取的方式。

一般而言，招标工程量清单中列明的材料、工程设备的暂估价仅指此类材料、工程设备本身运至施工现场内工地地面价，不包括这些材料、工程设备的安装以及安装所必需的辅助材料以及发生在现场内的验收、存储、保管、开箱、二次搬运、从存放地点运至安装地点以及其他任何必要的辅助工作（以下简称"暂估价项目的安装及辅助工作"）所发生的费用。暂估价项目的安装及辅助工作所发生的费用应该包括在投标报价中的相应清单项目的综合单价中并且固定包死。

材料（工程设备）暂估单价及调整表

工程名称：××楼装饰装修工程　　　　　　　　标段：　　　　　　　　　第1页　共1页

序号	材料（工程设备）名称、规格、型号	计量单位	数量		暂估/元		确认/元		差额±/元		备注
			暂估	确认	单价	合价	单价	合价	单价	合价	
1	台阶花岗石	m²	5.80		200	1160					用在台阶装饰工程中
2	U型轻龙骨大龙骨 h=45	m	68.00		3.61	245.48					用在部分吊顶工程中
	（其他略）										
	合　计					1405.48					

注：此表由招标人填写"暂估单价"，并在备注栏说明暂估价的材料、工程设备拟用在那些清单项目上，投标人应将上述材料，工程设备暂估单价计入工程量清单综合单价报价中。

164

（3）专业工程暂估价表

【填制说明】 专业工程暂估价应在表内填写工程名称、工程内容、暂估金额，投标人应将上述金额计入投标总价中。

专业工程暂估价项目及其表中列明的专业工程暂估价，是指分包人实施专业工程的含税最后的完整价（即包含了该专业工程中所有供应、安装、完工、调试、修复缺陷等全部工作），除了合同约定的发包人应承担的总包管理、协调、配合和服务责任所对应的总承包服务费用以外，承包人为履行其总包管理、配合、协调和服务等所需发生的费用应该包括在投标报价中。

专业工程暂估价表

工程名称：××楼装饰装修工程　　　　　　标段：　　　　　　　　第1页　共1页

序号	工程名称	工程内容	暂估金额/元	结算金额/元	差额±/元	备注
1	消防工程	合同图纸中标明的以及消防工程规范和技术说明中规定的各系统中的设备等的供应、安装和调试工作	3000.00			
	合　计		3000.00			

注：此表"暂估金额"由招标人填写，投标人应将"暂估金额"计入投标总价中。

（4）计日工表

【填制说明】 编制投标报价时，"人工"、"材料"、"机械台班单价"由招标人自主确定，按已给暂定数量计算合价计入投标总价中。

计日工表

工程名称：××楼装饰装修工程　　　　　　标段：　　　　　　　　第1页　共1页

编号	项目名称	单位	暂定数量	实际数量	综合单价（元）	合价（元）暂定	合价（元）实际
一	人工						
1	技工	工日	15		38.50	577.50	
2	抹灰工	工日	6		38.00	228.00	
3	油漆工	工日	6		38.00	228.00	
	人工小计					1033.50	
二	材料						
1	合金型材	kg	100.00		4.35	435.00	
2	油漆	kg	60.00		50.00	3000.00	
	材料小计					3435.00	

编号	项目名称	单位	暂定数量	实际数量	综合单价（元）	合价（元） 暂定	合价（元） 实际
三	施工机械						
1	平面磨石机	台班	15		6.00	90.00	
2	磨光机	台班	18		6.00	108.00	
	施工机械小计					198.00	
四、企业管理费和利润							
	总　计					4666.50	

注：此表项目名称、暂定数量由招标人填写，编制招标控制价时，单价由招标人按有关计价规定确定；投标时，单价由投标人自主报价，按暂定数量计算合价计入投标总价中。结算时，按承包双方确认的实际数量计算合价。

（5）总承包服务费计价表

【填制说明】　编制投标报价时，由投标人根据工程量清单中的总承包服务内容，自主决定报价。

总承包服务费计价表

工程名称：××楼装饰装修工程　　　　　　　　　标段：　　　　　　　　　　　　第1页　共1页

序号	项目名称	项目价值/元	服务内容	计算基础	费率（%）	金额/元
1	发包人发包专业工程	10000	1. 按专业工程承包人的要求提供施工工作面并对施工现场进行统一整理汇总 2. 为专业工程承包人提供垂直运输机械和焊接电源接入点，并承担垂直运输费和电费	项目价值	7	700.00
2	发包人供应材料	45000	对发包人供应的材料进行验收及保管和使用发放	项目价值	0.8	360.00
	合　计	—		—	—	1060.00

注：此表项目名称、服务内容有招标人填写，编制招标控制价时，费率及金额由招标人按有关计价规定确定；投标时，费率及金额由投标人自主报价，计入投标总价中。

9. 规费、税金项目计价表

【填制说明】　在施工实践中，有的规费项目，如工程排污费，并非每个工程所在地都要征收，实践中可作为按实计算的费用处理。

规费、税金项目计价表

工程名称：××楼装饰装修工程　　　　　　　　　标段：　　　　　　　　　　　　第1页　共1页

序号	项目名称	计算基础	计算基数	计算费率（%）	金额/元
1	规费				17432.55
1.1	工程排污费	按工程所在地环保部门规定按实计算			—
1.2	社会保险费		(1)+(2)+(3)+(4)		13550.85
(1)	养老保险费	定额人工费		14	8431.64
(2)	失业保险费	定额人工费		2	1204.52

序号	项目名称	计算基础	计算基数	计算费率（%）	金额/元
(3)	医疗保险费	定额人工费		6	3613.56
(4)	工伤保险费	定额人工费		0.5	301.13
1.3	住房公积金	定额人工费		6	3613.56
1.4	工程定额预测费	税前工程造价		0.14	268.14
2	税金	分部分项工程费＋措施项目费＋其他项目费＋规费－按规定不计税的工程设备金额		3.413	7131.87
合　计					24564.42

编制人（造价人员）：　　　　　　　　　　复核人（造价工程师）：

10. 总价项目进度款支付分解表

【填制说明】　本表的设置为施工过程中无法计量的总价项目以及总价合同的进度款支付提供了解决方式。

总价项目进度款支付分解表

工程名称：××楼装饰装修工程　　　　　　　　标段：　　　　　　　第 1 页　共 1 页

序号	项目名称	总价金额	首次支付	二次支付	三次支付	四次支付	五次支付	
1	安全文明施工费	5795.71	1738.71	1738.71	1159.14	1159.15		
2	夜间施工增加费	1806.78	361.35	361.35	361.35	361.35	361.38	
3	二次搬运费	7269.40	1453.88	1453.88	1453.88	1453.88	1453.88	
	略							
	社会保险费	13550.85	2710.17	2710.17	2710.17	2710.17	2710.17	
	住房公积金	3613.56	722.71	722.71	722.71	722.71	722.72	
合　计								

编制人（造价人员）：　　　　　　　　　　复核人（造价工程师）：

注：1. 本表应由承包人在投标报价时根据发包人在招标文件明确的进度款支付周期与报价填写，签订合同时，发承包双方可就支付分解协商调整后作为合同附件。

　　2. 单价合同使用本表，"支付"栏时间应与单价项目进度款支付周期相同。

　　3. 总价合同使用本表，"支付"栏时间应与约定的工程计量周期相同。

11. 主要材料、工程设备一览表

承包人在投标报价中按发包人要求填写的承包人提供主要材料和工程设备一览表（适用于造价信息差额调整法）

【填制说明】　本表风险系数应由发包人在招标文件中按照《建设工程工程量清单计价规范》GB 50500—2013 的要求合理确定。本表将风险系数、基准单价、投标单价、发承包人确认单价在一个表内全部表示，可以大大减少发承包双方不必要的争议。

承包人提供主要材料和工程设备一览表

（适用于造价信息差额调整法）

工程名称：××楼装饰装修工程　　　　　　标段：　　　　　　　　第1页　共1页

序号	名称、规格、型号	单位	数量	风险系数（%）	基准单价/元	投标单价/元	发承包人确认单价/元	备注
1	预拌混凝土 C10	m³	15	≤5	240	235		
2	预拌混凝土 C15	m³	100	≤5	263	260		
3	预拌混凝土 C20	m³	880	≤5	280	280		
	（其他略）							

注：1. 此表由招标人填写除"投标单价"栏的内容，投标人在投标时自主确定投标单价。
　　2. 投标人应优先采用工程造价管理机构发布的单价作为基准单价，未发布的，通过市场调查确定其基准单价。

8.2　装饰装修工程竣工结算编制

现以某楼装饰装修工程为例介绍工程竣工结算编制（发包人核对）。

1. 封面

【填制说明】　竣工结算书封面应填写竣工工程的具体名称，发承包双方应盖其单位公章，如委托工程造价咨询人办理的，还应加盖其单位公章。

竣工结算书封面

　　　　　　　　　　　××楼装饰装修工程

　　　　　　　　　　竣　工　结　算　书

　　　　　　　　发　包　人：　　××市房地产开发公司

　　　　　　　　　　　　　　　　（单位盖章）

　　　　　　　　承　包　人：　　××建筑装饰装修公司

　　　　　　　　　　　　　　　　（单位盖章）

　　　　　　　　造价咨询人：　　××工程造价咨询企业

　　　　　　　　　　　　　　　　（单位盖章）

　　　　　　　　　　　　　　　××年×月×日

2. 扉页

【填制说明】

（1）承包人自行编制竣工结算总价，竣工结算总价扉页由承包人单位注册的造价人员编制，承包人盖单位公章，法定代表人或其授权人签字或盖章，编制的造价人员（造价工程师或造价员）在编制人栏签字盖执业专用章。

发包人自行核对竣工结算时，由发包人单位注册的造价工程师核对，发包人盖单位公章，法定代表人或其授权人签字或盖章，造价工程师在核对人栏签字盖执业专用章。

（2）发包人委托工程造价咨询人核对竣工结算时，竣工结算总价扉页由工程造价咨询人单位注册的造价工程师核对，发包人盖单位公章，法定代表人或其授权人签字或盖章；工程造价咨询人盖单位资质专用章，法定代表人或其授权人签字或盖章，造价工程师在核对人栏签字盖执业专用章。

除非出现发包人拒绝或不答复承包人竣工结算书的特殊情况，竣工结算办理完毕后，竣工结算总价封面发承包双方的签字、盖章应当齐全。

竣工结算书扉页

__×× 楼装饰装修工程__

竣 工 结 算 总 价

签约合同价（小写）：　216093.85 元　　（大写）：　贰拾壹万陆仟零玖拾叁元捌角伍分

竣工结算价（小写）：　212550.74 元　　（大写）：　贰拾壹万贰仟伍佰伍拾元柒角四分

发包人：　×××　　　　承包人：　×××　　　　造价咨询人：　××工程造价咨询企业
　　　（单位盖章）　　　　　　（单位盖章）　　　　　　　（单位资质专用章）

法定代表人　　　　　　法定代表人　　　　　　法定代表人
或其授权人：　×××　　或其授权人：　×××　　或其授权人：　×××
　　　（签字或盖章）　　　　　（签字或盖章）　　　　　（签字或盖章）

编 制 人：　　×××　　　　　　核 对 人：　　×××
　　　（造价人员签字盖专用章）　　　　（造价工程师签字盖专用章）

编制时间：××年×月×日　　　　　核对时间：××年×月×日

3. 总说明

【填制说明】 竣工结算的总说明内容应包括：工程概况；编制依据；工程变更；工程价款调整；索赔；其他等。

总说明

工程名称：××楼装饰装修   第1页 共1页

---

1. 工程概况：该工程建筑面积 500m²，其主要使用功能为商住楼；层数三层，混合结构，建筑高度 10.8m。合同工期为 60 天，实际施工工期 55 天。

2. 竣工结算依据

(1) 承包人报送的竣工结算。

(2) 施工合同、投标文件、招标文件。

(3) 竣工图、发包人确认的实际完成工程量和索赔及现场签证资料。

(4) 省建设主管部门颁发的计价定额和计价管理办法及相关计价文件。

(5) 省工程造价管理机构发布人工费调整文件。

3. 核对情况说明：（略）。

4. 结算价分析说明：（略）。

注：此为发包人核对送竣工结算总说明。

4. 竣工结算汇总表

建设项目竣工结算汇总表

工程名称：××楼装饰装修   第1页 共1页

序号	单项工程名称	金额/元	其中：/元	
			安全文明施工费	规费
1	××楼装饰装修工程	212550.74	5800.00	18124.21
	合　计	212550.74	5800.00	18124.21

单项工程竣工结算汇总表

工程名称：××楼装饰装修工程　　　　　　　　　　　　　　　　　　　第1页　共1页

序号	单位工程名称	金额/元	其中：/元	
			安全文明施工费	规费
1	××楼装饰装修工程	212550.74	5800.00	18124.21
	合　计	212550.74	5800.00	18124.21

单位工程竣工结算汇总表

工程名称：××楼装饰装修工程　　　　　　标段：　　　　　　　　第1页　共1页

序　号	汇总内容	金额/元
1	分部分项工程	152383.94
0111	楼地面工程	55832.46
0112	墙、柱面工程	28960.38
0113	天棚工程	11047.88
0108	门窗工程	54733.86
0114	油漆、涂料、裱糊工程	1809.36
2	措施项目	22186.26
2.1	其中：安全文明施工费	5800.00
3	其他项目	12841.39
3.1	其中：专业工程结算价	2800.00
3.2	其中：计日工	4431.75
3.3	其中：总承包服务费	1057.64
3.4	其中：索赔与现场签证	4552.00
4	规费	18124.21
5	税金	7014.94
	竣工结算总价合计＝1＋2＋3＋4＋5	212550.74

注：如无单位工程划分，单项工程也使用本表汇总。

5. 分部分项工程和单价措施项目清单与计价表

【填制说明】 编制竣工结算时，分部分项工程和单价措施项目清单与计价表中可取消"暂估价"。

171

工程名称：××楼装饰装修工程　　　　　　　　标段：　　　　　　　　　　第1页　共2页

序号	项目编码	项目名称	项目特征描述	计量单位	工程量	金额（元）		
						综合单价	合价	其中 暂估价
			0111　楼地面工程					
1	011101001001	水泥砂浆楼地面	1. 部位：二层楼地面 2. 面层厚度：厚20mm 3. 砂浆配合比：1∶2水泥砂浆	m²	10.68	8.45	90.25	
2	011102001001	石材楼地面	1. 部位：一层楼地面 2. 垫层种类、厚度：C10混凝土垫层，粒径40mm，厚8mm 3. 面层材料品种、规格：大理石面层，0.80m×0.80m	m²	85.00	203.75	17318.75	
			（其他略）					
			分部小计				55832.46	
			0112　墙、柱面工程					
3	011201001001	墙面一般抹灰	1. 底层材料、厚度：混合砂浆，15mm厚 2. 面层材料：888涂料三遍	m²	920.00	13.28	12217.60	
4	011204003001	块料墙面	1. 部位：瓷板墙裙，砖墙面层 2. 砂浆种类、厚度：1∶3水泥砂浆，17mm厚	m²	70.00	35.00	2450.00	
			（其他略）					
			分部小计				28960.38	
			0113　天棚工程					
5	011301001001	天棚抹灰	1. 砂浆配合比、厚度：1∶1∶4水泥、石灰砂浆，7mm厚；1∶0.5∶3水泥砂浆，5mm厚 2. 面层材料：888涂料三遍	m²	120	13.30	1596.00	
			分部小计				1596.00	
			本页小计				86388.84	
			合计				86388.84	

工程名称：××楼装饰装修工程　　　　　　　　标段：　　　　　　　　　　第2页　共2页

序号	项目编码	项目名称	项目特征描述	计量单位	工程量	金额（元）		
						综合单价	合价	其中 暂估价
			0113　天棚工程					
6	011302002001	格栅吊顶	1. 龙骨材料种类、规格：不上人型U型轻钢龙骨，600×600 2. 面层材料种类、规格：石膏板面层，600×600	m²	162.40	49.20	7990.08	

序号	项目编码	项目名称	项目特征描述	计量单位	工程量	金额（元）		
						综合单价	合价	其中 暂估价
			（其他略）					
			分部小计				11047.88	
			0108　门窗工程					
7	010801001001	胶合板门	1. 门代号：胶合板门 M-2 2. 门材料：杉木框钉 5mm 胶合板；面层 3mm 厚榉木板 3. 门构件、数量：门碰、执手锁 11 个	樘	13	427.50	5557.50	
8	010807001001	金属平开窗	1. 窗材料、厚度：铝合金平开窗，铝合金 1.2mm 厚 2. 玻璃品种、厚度：50 系列 5mm 厚白玻璃	樘	8	276.22	2209.76	
			（其他略）					
			分部小计				54733.86	
			0114　油漆、涂料、裱糊工程					
9	011406001001	抹灰面油漆	1. 外墙门窗套外墙漆 2. 水泥砂浆面上刷外墙漆	m²	42.00	43.08	1809.36	
			分部小计				1809.36	
			本页小计				65995.10	
			合计				152383.94	

6. 综合单价分析表

【填制说明】　编制工程结算时，应在已标价工程量清单中的综合单价分析表中将确定的调整过的人工单价、材料单价等进行置换，形成调整后的综合单价。

综合单价分析表

工程名称：××楼装饰装修工程　　　　　标段：　　　　　　　　　　第 1 页　共 1 页

项目编码	011406001001		项目名称	抹灰面油漆		计量单位	m²	工程量	43.08

清单综合单价组成明细

定额编号	定额项目名称	定额单位	数量	单价				合价			
				人工费	材料费	机械费	管理费和利润	人工费	材料费	机械费	管理费和利润
BE0267	抹灰面满刮耐水腻子	100m²	0.01	360.00	2530.00	—	110.00	3.60	25.30		1.10
BE0267	外墙乳胶底漆一遍面漆二遍	100m²	0.01	320.00	886.00	—	102.00	3.20	8.86		1.02
	人工单价			小计				6.80	34.16	—	2.12
	45 元/工日			未计价材料费							
			清单项目综合单价					43.08			

主要材料名称、规格、型号	单位	数量	单价 (元)	合价 (元)	暂估单价 (元)	暂估合价 (元)
耐水成品腻子	kg	2.50	9.90	24.75		
×××牌乳胶漆面漆	kg	0.35	19.50	6.83		
×××牌乳胶漆底漆	kg	0.14	16.50	2.31		
其他材料费			—	0.25	—	
材料费小计			—	34.14	—	

（注：材料费明细为左侧表头栏）

注：1. 如不使用省级或行业建设主管部门发布的计价依据，可不填定额编号、名称等。
　　2. 招标文件提供了暂估单价的材料，按暂估的单价填入表内"暂估单价"栏及"暂估合价"栏。

（其他工程综合单价分析表略）

7. 综合单价调整表

【填制说明】　综合单价调整表用于由于各种合同约定调整因素出现时调整综合单价，此表实际上是一个汇总性质的表，各种调整依据应附表后，并且注意，项目编码、项目名称必须与已标价工程量清单保持一致，不得发生错漏，以免发生争议。

综合单价调整表

工程名称：××楼装饰装修工程　　　　　　　　　　标段：　　　　　　　　　　第1页　共1页

序号	项目编码	项目名称	已标价清单综合单价/元					调整后综合单价/元				
			综合 单价	其中				综合 单价	其中			
				人工费	材料费	机械费	管理费 和利润		人工费	材料费	机械费	管理费 和利润
1	011406001001	抹灰面油漆	43.42	6.80	34.50	—	2.12	43.08	6.80	34.16	—	2.12
2	（其他略）											

造价工程师（签章）：　　　　发包人代表（签章）：　　　　造价人员（签章）：　　　　发包人代表（签章）：

日期：　　　　　　　　　　　　　　　　　　　　日期：

注：综合单价调整应附调整依据。

8. 总价措施项目清单与计价表

【填制说明】　编制工程结算时，如省级或行业建设主管部门调整了安全文明施工费，应按调整后的标准计算此费用，其他总价措施项目经发承包双方协商进行了调整的，按调整后的标准计算。

总价措施项目清单与计价表

工程名称：××楼装饰装修工程　　　　　　　　标段：　　　　　　　　

序号	项目编码	项目名称	计算基础	费率（%）	金额/元	调整费率（%）	调整后金额/元	备注
1	011707001001	安全文明施工费	直接费	1.98	5795.71	1.98	5800.00	
2	011707002001	夜间施工增加费	人工费	3	1806.78	3	1828.78	
3	011707004001	二次搬运费	人工费	2	1204.52	2	1219.19	
4	011707005001	冬雨季施工增加费	人工费	1	602.26	1	609.59	
5	011707007001	已完工程及设备保护费			1500.00		1500.00	
6	011703001001	垂直运输机械费			3800.00		3800.00	
	（其他略）							
	合　计				22236.90		22186.26	

编制人（造价人员）：　　　　　　　　复核人（造价工程师）：

注：1. "计算基础"中安全文明施工费可为"定额基价"、"定额人工费"或"定额人工费＋定额机械费"，其他项目可为"定额人工费"或"定额人工费＋定额机械费"。

　　2. 按施工方案计算的措施费，若无"计算基础"和"费率"的数值，也可只填"金额"数值，但应在备注栏说明施工方案出处或计算方法。

9. 其他项目清单与计价汇总表

【填制说明】 编制或核对工程结算，"专业工程暂估价"按实际分包结算价填写，"计日工"、"总承包服务费"按双方认可的费用填写，如发生"索赔"或"现场签证"费用，按双方认可的金额计入该表。

其他项目清单与计价汇总表

工程名称：××楼装饰装修工程　　　　　　　　标段：　　　　　　　　第1页　共1页

序号	项目名称	金额/元	结算金额/元	备注
1	暂列金额		—	
2	暂估价	—	2800.00	
2.1	材料（工程设备）暂估价	—	—	
2.2	专业工程暂估价	3000.00	2800.00	
3	计日工	4666.50	4431.75	
4	总承包服务费	1060.00	1057.64	
5	索赔与现场签证	—	4552.00	
	合计		12841.39	—

注：材料（工程设备）暂估单价进入清单项目综合单价，此处不汇总。

（1）材料（工程设备）暂估单价及调整表

材料（工程设备）暂估单价及调整表

工程名称：××楼装饰装修工程　　　　　　　　标段：　　　　　　　　第1页　共1页

序号	材料（工程设备）名称、规格、型号	计量单位	数量		暂估/元		确认/元		差额±/元		备注
			暂估	确认	单价	合价	单价	合价	单价	合价	
1	台阶花岗石	m²	5.80	5.80	200	1160	198	1148.40	−2	−11.60	
2	U型轻龙骨大龙骨 $h=45$	m	68.00	68.00	3.61	245.48	3.25	221.00	−0.36	−24.48	
	（其他略）										
	合　计					1405.48		1369.40		−36.08	

注：此表由招标人填写"暂估单价"，并在备注栏说明暂估价的材料、工程设备拟用在那些清单项目上，投标人应将上述材料、工程设备暂估单价计入工程量清单综合单价报价中。

（2）专业工程结算价表

专业工程结算价表

工程名称：××楼装饰装修工程　　　　　　　标段：　　　　　　　　第 1 页　共 1 页

序号	工程名称	工程内容	暂估金额/元	结算金额/元	差额±/元	备 注
1	消防工程	合同图纸中标明的以及消防工程规范和技术说明中规定的各系统中的设备等的供应、安装和调试工作	3000.00	2800.00	−200	
	合　计		3000.00	2800.00	−200	

注：此表"暂估金额"由招标人填写，投标人应将"暂估金额"计入投标总价中，结算时按合同约定结算金额填写。

（3）计日工表

计日工表

工程名称：××楼装饰装修工程　　　　　　　标段：　　　　　　　　第 1 页　共 1 页

编号	项目名称	单位	暂定数量	实际数量	综合单价（元）	合价（元） 暂定	合价（元） 实际
一	人工						
1	技工	工日	15	13	38.50	577.50	500.50
2	抹灰工	工日	6	6	38.00	228.00	228.00
3	油漆工	工日	6	6	38.00	228.00	228.00
	人工小计						956.50
二	材料						
1	合金型材	kg	100.00	95	4.35	435.00	413.25
2	油漆	kg	60.00	58	50.00	3000.00	2900.00
	材料小计						3313.25
三	施工机械						
1	平面磨石机	台班	15	12	6.00	90.00	72.00
2	磨光机	台班	18	15	6.00	108.00	90.00
	施工机械小计						162.00
	四、企业管理费和利润						
	总　计						4431.75

注：此表项目名称、暂定数量由招标人填写，编制招标控制价时，单价由招标人按有关计价规定确定；投标时，单价由投标人自主报价，按暂定数量计算合价计入投标总价中。结算时，按承包双方确认的实际数量计算合价。

（4）总承包服务费计价表

总承包服务费计价表

工程名称：××楼装饰装修工程　　　　　　　标段：　　　　　　　　第 1 页　共 1 页

序号	项目名称	项目价值/元	服务内容	计算基础	费率（%）	金额/元
1	发包人发包专业工程	9980	1. 按专业工程承包人的要求提供施工工作面并对施工现场进行统一整理汇总 2. 为专业工程承包人提供垂直运输机械和焊接电源接入点，并承担垂直运输费和电费	项目价值	7	698.60

序号	项目名称	项目价值/元	服务内容	计算基础	费率（%）	金额/元
2	发包人供应材料	44880	对发包人供应的材料进行验收及保管和使用发放	项目价值	0.8	359.04
	合　计	—	—	—	—	1057.64

（5）索赔与现场签证计价汇总表

【填制说明】 索赔与现场签证计价汇总表是对发承包双方签证认可的"费用索赔申请（核准）表"和"现场签证表"的汇总。

索赔与现场签证计价汇总表

工程名称：××楼装饰装修工程　　　　　　　　标段：　　　　　　　　　　第1页　共1页

序号	签证及索赔项目名称	计量单位	数量	单价/元	合价/元	索赔及签证依据
1	暂停施工				2552.00	001
2	吊灯	顶	2	1000	2000.00	002
…	（其他略）					
—	本页小计	—	—	—	4552.00	
—	合　计	—	—	—	4552.00	

注：签证及索赔依据是指经双方认可的签证单和索赔依据的编号。

（6）费用索赔申请（核准）表

【填制说明】 费用索赔申请（核准）表将费用索赔申请与核准设置于一个表，非常直观。使用本表时，承包人代表应按合同条款的约定阐述原因，附上索赔证据、费用计算报发包人，经监理工程师复核（按照发包人的授权不论是监理工程师或发包人现场代表均可），经造价工程师（此处造价工程师可以是承包人现场管理人员，也可以是发包人委托的工程造价咨询企业的人员）复核具体费用，经发包人审核后生效，该表以在选择栏中"□"内作标识"√"表示。

费用索赔申请（核准）表

工程名称：××楼装饰装修工程　　　　　　　标段：　　　　　　　　　　　编号：001

致：××市房地产开发公司
根据施工合同条款第12条的约定，由于你方工作需要 原因，我方要求索赔金额（大写）贰仟伍佰伍拾贰元（小写2552.00元），请予核准。
附：1. 费用索赔的详细理由和依据：（详见附件1）
2. 索赔金额的计算：（详见附件2）
3. 证明材料：（现场监理工程师现场人数确认）
承包人（章）：（略） 承包人代表：　　××× 日　　　　期：××年×月×日

复核意见：	复核意见：
根据施工合同条款第12条的约定，你方提出的费用索赔申请经复核：	根据施工合同条款第12条的约定，你方提出的费用索赔申请经复核，索赔金额为（大写）贰仟伍佰伍拾贰元（小写2552.00元）。
□ 不同意此项索赔，具体意见见附件。	
☑ 同意此项索赔，索赔金额的计算，由造价工程师复核。	
监理工程师：　　××× 日　　　　期：××年×月×日	监理工程师：　　××× 日　　　　期：××年×月×日

审核意见：
□ 不同意此项索赔。
☑ 同意此项索赔，与本期进度款同期支付。
发包人（章）（略） 发包人代表：　　××× 日　　　　期：××年×月×日

注：1. 在选择栏中的"□"内作标识"√"。
　　2. 本表一式四份，由承包人填报，发包人、监理人、造价咨询人、承包人各存一份。

附件 1

关于暂停施工的通知

××建筑装饰装修公司××项目部：

为保持各考点周围环境安静，杜绝建筑工地产生可能影响考生考试的噪声或震动干扰，根据市政府统一部署，从6月7日～9日期间，以及6月14日～16日期间，全面暂停施工作业，严禁产生施工噪声、震动和扬尘。期间并配合上级主管部门进行工程质量检查工作。

特此通知。

××工程指挥办公室
××年××月××日

附件 2

索赔费用计算表

编号：第×××号

一、人工费

1. 技工13人：13人×80/工日×3＝1040元

2. 抹灰工6人：6人×60/工日×3＝360元

3. 油漆工人：6人×60/工日×3＝360元

小计：1760元

二、管理费

1760×45%＝792.00元

索赔费用合计：2552.00元

(7) 现场签证表

【填制说明】 现场签证种类繁多，发承包双方在工程实施过程中来往信函就责任事件的证明均可称为现场签证，但并不是所有的签证均可马上算出价款，有的需要经过索赔程序，这时的签证仅是索赔的依据，有的签证可能根本不涉及价款。本表仅是针对现场签证需要价款结算支付的一种，其他内容的签证也可适用。考虑到招标时招标人对计日工项目的预估难免会有遗漏，造成实际施工发生后，无相应的计日工单价，现场签证只能包括单价一并处理，因此，在汇总时，有计日工单价的，可归并于计日工，如无计日工单价的，归并于现场签证，以示区别。当然，现场签证全部汇总于计日工也是一种可行的处理方式。

现场签证表

工程名称：××楼装饰装修工程　　　　标段：　　　　　　　　　　　　　　编号：002

施工单位	指定位置	日期	××年×月×日

致：××市房地产开发公司

　　根据＿＿××＿＿（指令人姓名）××年××月××日书面通知，我方要求完成此项工作应支付价款金额为（大写）贰仟元（小写2000.00），请予核准。

　　附：1. 签证事由及原因：增加吊顶2顶。

　　　　2. 附图及计算式：（略）

承包人（章）：（略）

承包人代表：＿＿×××＿＿

日　　期：＿××年×月×日＿

复核意见：	复核意见：
你方提出的此项签证申请经复核： □ 不同意此项签证，具体意见见附件。 ☑ 同意此项签证，签证金额的计算，由造价工程师复核。 <div style="text-align:center">监理工程师：＿×××＿ 日　　期：＿××年×月×日＿</div>	☑ 此项签证按承包人中标的计日工单价计算，金额为（大写）贰仟元，（小写2000.00）。 □ 此项签证因无计日工单价，金额为（大写）＿＿元，（小写）＿＿＿＿。 <div style="text-align:center">造价工程师：＿×××＿ 日　　期：＿××年×月×日＿</div>

审核意见：

□ 不同意此项签证。

☑ 同意此项签证，价款与本期进度款同期支付。

承包人（章）（略）

承包人代表：＿×××＿

日　　期：＿××年×月×日＿

注：1. 在选择栏中的"□"内作标识"√"。

　　2. 本表一式四份，由承包人在收到发包人（监理人）的口头或书面通知后填写，发包人、监理人、造价咨询人、承包人各存一份。

10. 规费、税金项目计价表

规费、税金项目计价表

工程名称：××楼装饰装修工程　　　　　　　标段：　　　　　　　　第1页 共1页

序号	项目名称	计算基础	计算基数	计算费率（%）	金额/元
1	规费				18124.21
1.1	工程排污费	按工程所在地环保部门规定按实计算			488.42
1.2	社会保险费		(1)+(2)+(3)+(4)		13715.85
(1)	养老保险费	定额人工费		14	8534.31
(2)	失业保险费	定额人工费		2	1219.19
(3)	医疗保险费	定额人工费		6	3657.56
(4)	工伤保险费	定额人工费		0.5	304.80
1.3	住房公积金	定额人工费		6	3657.56
1.4	工程定额预测费	税前工程造价		0.14	262.38
2	税金	分部分项工程费＋措施项目费＋其他项目费＋规费－按规定不计税的工程设备金额		3.413	7014.94
合　计					25139.15

编制人（造价人员）：　　　　　　　　　复核人（造价工程师）：

11. 工程计量申请（核准）表

【填制说明】 工程计量申请（核准）表填写的"项目编码"、"项目名称"、"计量单位"应与已标价工程量清单表中的一致，承包人应在合同约定的计量周期结束时，将申报数量填写在申报数量栏，发包人核对后如与承包人不一致，填在核实数量栏，经发承包双发共同核对确认的计量填在确认数量栏。

工程计量申请（核准）表

工程名称：××楼装饰装修工程　　　　　　　　标段：　　　　　　　　第1页　共1页

序号	项目编码	项目名称	计量单位	承包人申报数量	发包人核实数量	发承包人确认数量	备注
1	011102001001	石材楼地面	m²	83.25	85.00	85.00	
2	011201001001	墙面一般抹灰	m²	926.15	920.00	920.00	
3	011204003001	块料墙面	m²	66.32	70.00	70.00	
4	011301001001	天棚抹灰	m²	123.61	120.00	120.00	
5	011406001001	抹灰面油漆	m²	42.82	43.08	43.08	
	（略）						

承包人代表：　　　　　　监理工程师：　　　　　　造价工程师：　　　　　　发包人代表：

　　×××　　　　　　　　×××　　　　　　　　×××　　　　　　　　×××

日　期：××年×月×日　　日　期：××年×月×日　　日　期：××年×月×日　　日　期：××年×月×日

12. 预付款支付申请（核准）表

预付款支付申请（核准）表

工程名称：××楼装饰装修工程　　　　　　　　　标段：　　　　　　　　第1页　共1页

致：××市房地产开发公司

我方根据施工合同的约定，先申请支付工程预付款额为（大写）贰万壹仟玖佰陆拾玖元（小写21969.00元），
请予核准。

序号	名称	申请金额/元	复核金额/元	备注
1	已签约合同价款金额	216093.85	216093.85	
2	其中：安全文明施工费	5795.71	5795.71	
3	应支付的预付款	21609.00	20961.00	
4	应支付的安全文明施工费	360.00	360.00	
5	合计应支付的预付款	21969.00	21969.00	

计算依据见附件

承包人（章）

造价人员：　×××　　　　承包人代表：　×××　　　　日　期：××年×月×日

复核意见：

□ 与合同约定不相符，修改意见见附件。

☑□ 与合约约定相符，具体金额由造价工程师复核。

　　　　监理工程师：　×××
　　　　日　期：××年×月×日

复核意见：

你方提出的支付申请经复核，应支付预付款金额为
（大写）贰万壹仟玖佰陆拾玖元（小写21969.00元）。

　　　　造价工程师：　×××
　　　　日　期：××年×月×日

审核意见：

□ 不同意。

☑ 同意，支付时间为本表签发后的15d内。

发包人（章）

发包人代表：　×××

日　期：××年×月×日

注：1. 在选择栏中的"□"内作标识"√"。
　　2. 本表一式四份，由承包人填报，发包人、监理人、造价咨询人、承包人各存一份。

13. 进度款支付申请（核准）表

进度款支付申请（核准）表

工程名称：××楼装饰装修工程　　　　　　标段：　　　　　　　编号：

致：××市房地产开发公司

　　我方于××至××期间已完成了墙、柱面工作，根据施工合同的约定，现申请支付本期的工程款额为（大写）伍万元（小写50000.00元），请予核准。

序号	名称	申请金额/元	复核金额/元	备注
1	累计已完成的工程价款	85000.00	85000.00	
2	累计已实际支付的工程价款	35000.00	35000.00	
3	本周期已完成的工程价款	50000.00	50000.00	
4	本周期完成的计日工金额			
5	本周期应增加和扣减的变更金额			
6	本周期应增加和扣减的索赔金额			
7	本周期应抵扣的预付款			
8	本周期应扣减的质保金			
9	本周期应增加或扣减的其他金额			
10	本周期实际应支付的工程价款	50000.00	50000.00	

附：上述3、4详见附件清单。

承包人（章）

造价人员：×××　　　承包人代表：×××　　　日　期：××年×月×日

复核意见：

□ 与实际施工情况不相符，修改意见见附件。

☑ 与实际施工情况相符，具体金额由造价工程师复核。

　　　　　　监理工程师：×××
　　　　　　日　期：××年×月×日

复核意见：

　　你方提供的支付申请经复核，本期间已完成工程款额为（大写）伍万元（小写50000.00元），本期间应支付金额为（大写）伍万元（小写50000.00元）。

　　　　　　造价工程师：×××
　　　　　　日　期：××年×月×日

审核意见：

□ 不同意。

☑ 同意，支付时间为本表签发后的15天内。

发包人（章）

发包人代表：×××

日　期：××年×月×日

注：1. 在选择栏中的"□"内作标识"√"。
　　2. 本表一式四份，由承包人填写，发包人、监理人、造价咨询人、承包人各存一份。

14. 竣工结算款支付申请（核准）表

竣工结算款支付申请（核准）表

工程名称：××楼装饰装修工程　　　　　　　　标段：　　　　　　　　　　编号：

致：××市房地产开发公司

　　我方于××至××期间已完成合同约定的工作，工程已经完工，根据施工合同的约定，现申请支付竣工结算合同款额为（大写）贰万贰仟玖佰陆拾玖元贰角肆分（小写22969.24元），请予核准。

序号	名称	申请金额/元	复核金额/元	备注
1	竣工结算合同价款总额	212550.74	212550.74	
2	累计已实际支付的合同价款	178954.00	178954.00	
3	应预留的质量保证金	10627.50	10627.50	
4	应支付的竣工结算款金额	22969.24	22969.24	

承包人（章）

造价人员：×××　　　　承包人代表：×××　　　　日　期：××年×月×日

复核意见：

□ 与实际施工情况不相符，修改意见见附件。

☑ 与实际施工情况相符，具体金额由造价工程师复核。

复核意见：

　　你方提出的竣工结算款支付申请经复核，竣工结算款总额为（大写）贰拾壹万贰仟伍佰伍拾元柒角四分（小写212550.74元），扣除前期支付以及质量保证金后应支付金额为（大写）贰万贰仟玖佰陆拾玖元贰角肆分（小写22969.24元）。

监理工程师：×××

日　期：××年×月×日

造价工程师：×××

日　期：××年×月×日

审核意见：

□ 不同意。

☑ 同意，支付时间为本表签发后的15d内。

发包人（章）

发包人代表：×××

日　期：××年×月×日

注：1. 在选择栏中的"□"内作标识"√"。

　　2. 本表一式四份，由承包人填报，发包人、监理人、造价咨询人、承包人各存一份。

15. 最终结清支付申请（核准）表

最终结清支付申请（核准）表

工程名称：××楼装饰装修工程　　　　　　标段：　　　　　　编号：

致：××市房地产开发公司

我方于××至××期间已完成了缺陷修复工作，根据施工合同的约定，现申请支付最终结清合同款额为（大写）壹万零陆佰贰拾柒元五角（小写10627.50元），请予核准。

序号	名称	申请金额/元	复核金额/元	备注
1	已预留的质量保证金	10627.50	10627.50	
2	应增加因发包人原因造成缺陷的修复金额	0	0	
3	应扣减承包人不修复缺陷、发包人组织修复的金额	0	0	
4	最终应支付的合同价款	10627.50	10627.50	

承包人（章）

造价人员：　×××　　承包人代表：×××　　日　　期：××年×月×日

复核意见：

□ 与实际施工情况不相符，修改意见见附件。

☑ 与实际施工情况相符，具体金额由造价工程师复核。

监理工程师：　×××

日　　期：××年×月×日

复核意见：

你方提出的支付申请经复核，最终应支付金额为（大写）壹万零陆佰贰拾柒元五角（小写10627.50元）。

造价工程师：　×××

日　　期：××年×月×日

审核意见：

□ 不同意。

☑ 同意，支付时间为本表签发后的15d内。

发包人（章）

发包人代表：　×××

日　　期：××年×月×日

注：1. 在选择栏中的"□"内作标识"√"。
　　2. 本表一式四份，由承包人填报，发包人、监理人、造价咨询人、承包人各存一份。

16. 承包人提供主要材料和工程设备一览表

发承包双方确认的承包人提供主要材料和工程设备一览表（适用于造价信息差额调整法）

承包人提供主要材料和工程设备一览表

（适用于造价信息差额调整法）

工程名称：××楼装饰装修工程　　　　　标段：　　　　　　　　　　第1页　共1页

序号	名称、规格、型号	单位	数量	风险系数（%）	基准单价/元	投标单价/元	发承包人确认单价/元	备注
1	预拌混凝土 C10	m³	15	≤5	240	235	236	
2	预拌混凝土 C15	m³	100	≤5	263	260	258.50	
3	预拌混凝土 C20	m³	880	≤5	280	280	282	
	（其他略）							

注：1. 此表由招标人填写除"投标单价"栏的内容，投标人在投标时自主确定投标单价。

　　2. 投标人应优先采用工程造价管理机构发布的单价作为基准单价，未发布的，通过市场调查确定其基准单价。

参 考 文 献

[1] 国家标准. 《建设工程工程量清单计价规范》GB 50500—2013 [S]. 北京：中国计划出版社，2013.

[2] 国家标准. 《房屋建筑与装饰工程工程量计算规范》GB 50854—2013 [S]. 北京：中国计划出版社，2013.

[3] 国家标准. 《建设工程计价计量规范辅导》[M]. 北京：中国计划出版社，2013.

[4] 国家标准. 《全国统一建筑装饰装修工程消耗量定额》GYD 901—2002 [S]. 北京：中国计划出版社，2002.

[5] 国家标准. 《全国统一建筑工程基础定额（土建工程)》GJD 101—1995 [S]. 北京：中国计划出版社，1995.

[6] 刘利丹. 装饰装修造价指导 [M]. 北京：化学工业出版社，2011.

[7] 刘峰、朱世海. 装饰装修材料及工程预算 [M]. 北京：化学工业出版社，2009.

[8] 周慧玲. 建筑与装饰装修工程计量与计价实务 [M]. 北京：北京理工大学出版社，2012.

[9] 方俊、宋敏. 工程估价 [M]. 武汉：武汉理工大学出版社，2008.